服饰文化与英汉语汇

訾韦力 / 著

企业管理出版社
ENTERPRISE MANAGEMENT PUBLISHING HOUSE

图书在版编目（CIP）数据

服饰文化与英汉语汇 / 訾韦力著. -- 北京 : 企业管理出版社, 2015.12

ISBN 978-7-5164-1177-3

Ⅰ. ①服… Ⅱ. ①訾… Ⅲ. ①服饰文化—英语—词汇②服饰文化—汉语—词汇 Ⅳ. ①TS941.12②H313③H13

中国版本图书馆CIP数据核字(2015)第308397号

书　　名：服饰文化与英汉语汇
作　　者：訾韦力
责任编辑：申先菊
书　　号：ISBN 978-7-5164-1177-3
出版发行：企业管理出版社
地　　址：北京市海淀区紫竹院南路17号　　邮编：100048
网　　址：http://www.emph.com
电　　话：总编室（010）68701719　发行部（010）68701073
　　　　　编辑部（010）68456991
电子信箱：emph003@sina.cn
印　　刷：北京大运河印刷有限责任公司
经　　销：新华书店
规　　格：170毫米 × 240毫米　16开本　11.75印张　162千字
版　　次：2015年12月第1版　2015年12月第1次印刷
定　　价：58.00元

版权所有　翻印必究 · 印装有误　负责调换

前 言

“衣、食、住、行”是我们人类四大生活基本要素，其中“衣”居于首位，由此我们可以看到服饰在人类生活中的重要作用。《服饰文化与英汉语汇》集实际应用与学术研究为一体，在介绍日常生活中英汉各类与服饰相关语汇的同时，运用认知语言学理论对服饰语汇进行细致的举例与解读，旨在通过跨学科研究，呈现服饰与语言之间相辅相成的密切关系；同时也强调了服饰及其文化在语言产生、发展与使用中不可或缺的作用。

在社会生活语言中有多种定型语汇，如：与动物相关语汇、与军事相关语汇、与爱情相关语汇、与服饰相关语汇等，它们在日常语言使用中广泛流传，通俗易懂，是英、汉语言中的重要组成部分。由于服饰是我们日常生活用品中必不可少的一部分，因此与服饰相关语汇数量繁多，如我们最熟悉的与服饰相关的英汉习(成)语、谚语、惯用语、委婉语、汉语歇后语等。它们使用频率高，语言精练，哲理深刻。这些服饰语汇是在语言使用过程中形成的独特的、固定的语言表达形式，具有整体性、约定俗成性、固定性和隐喻性等特征，是人们在日常社会生活实践中创造出来的，将一些与服饰相关的行为、体验、感受和观察等通过语言词汇表达出来，反映了人们的生活经验和愿望，具有一定的启发性和哲理性。

服饰语汇作为语言文化的精华，体现出服饰文化的发展和轨迹。它们源于生活，与人们衣食住行紧密相关。笔者出于对此领域的兴趣，并基于对此领域初步的研究，认为有必要将与服饰相关的语汇集中起来进行研究，并通过编撰这部与我们日常服饰文化、生活和语言使用紧密相关的书籍，让读者了解中西方服饰文化与语言密不可分的关系，分享与服饰相关语汇所蕴含的博大精深的服饰文化内涵，同时也便于研究者查阅这个领域里的语汇。

本书得到北京服装学院科研项目（编号：2012A-14）以及北京服装学院教学改革创新团队项目（编号：JGTD-1406）的基金支持，特此感谢。

作为北京服装学院外语系中外服饰文化研究中心成员之一，笔者对服饰与语言的跨领域研究十分感兴趣，独立完成此书，旨在探讨研究，但必有错讹之处，敬请同行、专家以及读者赐教指正。

作者

于樱花东街2号

目 录

第一章　服饰文化与社会语言

一、服饰、服饰文化

我们平常所说的“衣、食、住、行”是人类须臾离不开的。在这四大生活基本要素中，“衣”占据首位，由此我们可以看到服饰在人类生活中的重要作用。在古代文献《汉书》、《后汉书》中，服饰是作为衣服和装饰的意思出现的。在《中国汉字文化大观》中，服饰词语被定义为：戴在头上的叫头衣；穿在脚上的叫足衣；穿在身上的衣服则叫体衣。《现代汉语大辞典》中将服饰解释为服装、鞋、帽、袜子、手套、围巾、领带等衣着和配饰物品总称。从广义上讲，服饰概念主要指除了传统意义上的头衣、体衣、足衣等衣着外，还包括与之相关的衣着配饰、缝纫工艺、丝染织品等物品。

服饰是人类特有的劳动成果。人类社会从野蛮到文明时代，经历了几十万年。我们的祖先从披着兽皮与树叶到艰难地跨进了文明时代，逐渐懂得了遮身暖体，创造出一个又一个物质文明。然而，随着社会文明程度的提高，求美之心成为人之天性，人们逐渐意识到衣服的作用不仅仅在于遮身暖体，而且更应具有美化的功能。因此，从服饰起源起，涉及服饰的生活习俗、审美情趣、色彩偏好、文化修养和宗教观念，都积淀于服饰之中，构筑了服饰文化的特殊内涵。

服饰的作用，从功能、伦理和审美的角度分别是为了护身、御风挡寒，礼貌、蔽体遮羞以及美观、吸引异性等。服饰与人的生活密切相关，是人类生存条件之一，是民俗生活的产物，同时也是民俗的载体。几乎从服饰起源的时候起，人们就已将其生活习俗、审美情趣、色彩爱好以及种种文化心态、宗教观念，通过衣裤、鞋帽、配饰等方面的习俗惯制表现出来。服饰已经不单纯是一种物质现象，而是包含着复杂的文化意义。正如郭沫若论述服饰现象的复杂性时所言："衣裳是思想的形象、文化的表征。"

墨子主张"衣必常暖，然后求丽"，其意为"衣服必须常常穿暖，然后才能进一步去要求华丽"。这一点说明服饰在人类生活中的实用性。老子认为"甘其食美其服，安其居，乐其俗"，其含义为"人们以自己的食物为甘甜，以自己的衣服为美观，以自己的习俗为欢乐，以自己的居处为安逸"。强调以其服饰为美，不必刻意求新。服饰是历史的传承，是一种文化形成的产物，是文化的载体，它构成了文化的要素。

服饰作为一个国家或民族的风格、时尚、风情的产物和载体，是历史和现实精神活动的物化反映。从古至今，服饰的形制、衣料、用途、穿法等都会随着社会的发展产生很大的变化。因此，服饰文化的内涵也相应变得越来越丰富。西方服饰注重多样、生动、热烈、均衡之美，强调凸显服饰对人体美的审美功能。因此，西方服饰体现出的是崇尚个体美、突出个性、追求感官刺激等服饰文化内涵。中国服饰则崇尚优美、中和、对称、儒雅、统一等美的感受。从传统角度来说，中国服饰表达的是"以衣言志"的意境，人们对服饰所追求的思想意境是超越形体的精神状态。因此，传统中国服饰用图案及色彩来表示不同的身份、不同的社会地位以及不同的阶级属性等，因此，它体现出的是精神层面的服饰文化内涵。

服饰和文化相互依存，关系密切。服饰随着人类的进步，社会的发展，审美观念的更新，产生出不同的服饰文化。从服饰文化的内涵来分析，一方面人类的全部穿着方式、衣装、饰品等物质要素是服饰存在的前提；另一方面服饰又反映着人类的观念、制度形态等精神文化的内容，反映着特定时代人们的思想情感、主观意愿、社会习俗、道德风尚和审美情趣，是一种反映社会成员普遍心理和民族精神实质的文化形态。服饰折射了不同时代的文化结构，也记录了时代发展的动向和历史变迁。

服饰文化是人类物质创造与精神创造的聚合，具有现代文化的一切特征。不管是在中国还是在西方，它们都拥有各自不同的风俗习惯、宗教信仰与追求以及世俗的伦理指向，这些差异通过各自的"服饰"而展示出来，从而形成各自不同的文化体系。我们知道，不同的群体、不同的民族、不同的时代形成了不同的服饰观，进而产生了具有各自鲜明特征的服饰文化。就服饰与文化这两个概念之关系给出了清晰的解释："在人类历史长河中，服饰是流，文化是源。两者在发展过程中相互依存，同生共荣，服饰与文化是共生的。"

二、社会语言

1. 社会语言

语言是随着人类的出现而产生的一种特殊的社会现象。语言是人类重要的交际和思维工具。人们的语言实践，即社会语言生活，是社会语言产生的基础。社会语言随着社会的产生、发展而产生和发展。因为语言是一种社会现象，所以社会生活的急剧变化对语言词汇会产生巨大影响。而语言词汇反过来又能反映人类社会生活的方方面面。

在社会语言中有多种定型语汇，它们在语言使用中广泛流传、通俗易懂，是英汉语言中的重要组成部分。此类词语数量繁多，使用频率高，语言精练，哲理深刻。这些语汇是在人们社会生活实践中创造出来的，反映了人们的生活经验和愿望，具有深刻的哲理性。其中，我们最熟悉的成语（idioms）、谚语（proverbs）、惯用语（colloquialisms）、歇后语（wisecracks）、委婉语（euphemism）、俚语（slang）、典故（allusions）以及箴言（mottoes）等都属于社会语言的一部分。这些表达形式是在语言使用过程中形成的独特而固定的语言表达形式，具有整体性、约定俗成性、固定性和隐喻性等特征。下面我们简单介绍一下这些社会定型语汇。

成语

汉语成语是具有书面色彩、大多由四个字组成的一种固定词组。在结构上成语内部结构比较稳定，内部成分不能随意变换，顺序不能随意改动，表意上具有整体性。如：张冠李戴、冠冕堂皇等。

谚语

谚语是具有口语色彩、反映自然、社会规律以及实践经验的一种固定语句。在结构上谚语的词语或次序可以变化，在字数上不固定。如：汉语中有"吃饭看灶头，穿衣看袖头"等；英语"wear the birthday suit"，"handle them with kid glove"等。

惯用语

惯用语在结构上具有定型性，其形式相对固定，但又较灵活多变。在表意上具有整体性，形式上多呈三音节，个别的惯用语也有超过三音节的。惯用语的口语色彩较浓厚，其意义通常为引申或比喻所产生的意义。惯用语的特点是简明生动，通俗形象。如：汉语有"穿小鞋"，"戴高帽"；英语有"an old hat"，"blue collar"等。

歇后语

歇后语通常是由前后两部分组成的具有解释关系的固定语句。歇后语的典型特点是幽默风趣，轻松俏皮，具有较强的喜剧效果。如：撕衣服补裤子——于事无补，因小失大；裤子套着裙子穿——不伦不类等。

委婉语

委婉语在结构单位上具有随意性的特点，有相对稳定的委婉意义，但是它不同于修辞上的婉转、婉曲辞格。委婉语通常使用比较抽象、模棱两可的概念或者使用比喻、褒义化的手法，使双方都能采用婉转、柔和和间接的方式来谈论不宜直截了当言说的事情。如：汉语中有“大盖帽、红袖标”的说法；英语有“tie the knot”，“wear the yellow stockings”等。

与服饰相关的成语、谚语（习语）、惯用语、歇后语、委婉语等这些生活中常用的语言都与人类服饰行为、生活以及服饰经验紧密相关。众所周知，对社会语言的考察反映的是社会生活的不同与变化。考察与服饰相关的各种社会语言形式，实际上反映的是与服饰相关社会生活的不同与变化，进而人们可以了解伴随社会发展、变化过程中服饰文化的变迁以及服饰语言的形成与发展。

2. 社会语言学

在探讨社会语言时有必要区分一下社会语言与社会语言学的概念。社会语言与社会语言学既有联系又有区别。社会语言学是在 20 世纪 60 年代在美国首先兴起的一门边缘性学科，是研究语言与社会之间关系的一个语言学分支。它覆盖的领域宽广,门类多样。它考察的对象是人的言语行为。具体来说，社会语言学的核心思想是观察人们的言语表现，弄清使用某一语言形式和使用者及其使用环境之间的关系，探究使用该语言形式的动机、原由或意向及其产生的后果。社会语言学的基本内容之一是人际言语交往中各方使用语言的状况、变化及其用意和效果。社会语言学研究涉及两个方面的问题：一是语言结构，一是社会语境。社会语言学通过研究两者之间的交互作用，试图透过社会文化现象分析研讨言语行为，并通过语言使用现象说明社会结构及其内在机制问题。 语言结构是传统语言学关注的一部分，但是社会语言学的特点是把语言和会话者的背景、所处的语境作为研究的部分，重视社会与语言的相互影响。

第二章　服饰文化与社会语言关系概述

一、语言与文化

文化是一个社会所具有的独特的信仰、习惯、制度、目标和技术的总称，是一个社会的整体生活方式，更是“一个民族的全部活动方式”。

语言是一种社会现象，同时语言也是文化的一个特殊组成部分。语言是对人类社会生活的反映，是人与人交际的工具，更是使人与文化融合一体的媒介。语言随着人类社会的形成而形成，也随着人类社会的发展而发展、变化而变化，因此，语言对文化起着重要的作用。

自20世纪初美国的鲍阿斯和萨丕尔以来，人类语言学家都强调语言的社会属性，认为语言和它的社会环境是分不开的，因此必须把语言学看作是一门社会科学，把语言置于社会文化的大环境中研究。人类语言学的研究传统促使文化语言学的出现和兴起。语言学家们在从文化的角度考察语言的交际过程中，发现人们在语言交际过程中不仅涉及语言系统，而且涉及同语言系统紧密关联并赖以生存的文化系统。

语言与文化相互依赖、相互辅助、相互影响。语言是文化的重要载体；语言促进着文化的发展，语言在人类的一切活动中都起着十分重要的作用，是人类社会生活不可缺少的一部分。文化对语言也有制约作用。语言促进文化的发展，同时文化也影响着语言的发展。在社会文化发展的过程中，语言既受到文化的影响，同时也得到了自身的发展。

总之，语言和文化是相辅相成的。语言反映了一个民族的特征，是文化信息传递的重要工具之一，是文化的一种表现形式和重要组成部分，同时文化是语言的前提，文化具有独特性和差异性。不同区域的文化差异产生了语言受到文化制约的结果。

二、服饰文化与社会语言

服饰作为一种社会的物质现象，是一定社会历史时期生产发展的产物，它的产生总是与社会的经济发展相适应的。此外，服饰也是一种社会的文化现象，它从不同的角度反映出该社会的政治结构和思想特征，具有等级和时代的特征。

服饰文化是社会的一面镜子，从古至今，服饰的形制、质料、用途、穿法等都随着社会的发展发生了很大的变化，服饰文化的内涵也随之越发丰富。服饰文化有着鲜明的时代特征，在时代的更替和历史文化的演变中，中国的服饰文化也有了巨大的变化。

在每一种服饰语言的历史演变过程中，从其各个角度都能考察出该民族的社会文化风俗和服饰文化特征。服饰文化是人类重要的文化内容，服饰从其最基本的实用功能逐渐发展为展现人们审美情趣、审美修养和价值取向的表现形式，我们不难看出服饰文化是绚烂多彩的。

服饰文化常常会影响到人们日常生活中的语言表达。有时在语言表达过程中，使用与服饰相关的语汇会使语言表现得非常贴切，化繁为简，容易为他人所理解。服饰外观形象生动鲜明，人们以服饰穿着中的亲身体验，通过日常语汇来概括比喻生活中事物的发展规律，或是透过表面现象说明本质，生动形象，且说服力更强。

服饰文化与社会语言相辅相成，互相促进，共同发展。其意义分为两个方面：一方面，人类的服饰文化大大丰富了语言要素，特别是词语、语义；另一方面，从有关服饰的语言要素中，我们可以考察出人类的服饰文化以及其他社会文化的方方面面。总之，服饰就是无声的语言的延续，与服饰相关的社会语言是服饰文化的载体，解析这个语言过程正是丰富服饰文化的过程。

在《21 世纪服饰文化研究》一文中，学者华梅谈到如何研究服饰文化的问题时强调了“服饰研究需要跨学科”的研究思路和研究方法，认为需要从历史学、社会学、生理学、心理学、民俗学、艺术学和美学的角度，运用相关学科的方法和手段，对服饰文化进行跨学科的研究。

本书正是基于上述背景和理念，结合认知语言学和与服饰相关的各种社会中的语言形式所进行的跨学科研究。在服饰文化的大背景下，利用认知语言学的理论解释与服饰相关的语汇，其目的是：一方面，透过服饰语汇认识其背后的认知规律，使人们能够深刻了解服饰文化内涵及其与社会语言的关系；另一方面，验证认知语言学的语言阐释力，从而丰富认知语言学理论和服饰文化研究。与此同时，对其他专业与语言文字学的跨学科研究给予一定的启示作用。

三、与服饰相关语汇

在中西方社会语言中，与服饰相关的语汇数量众多。而在我国，服装文化源远流长，有“衣冠上国，礼仪之邦”之称，因此服饰语汇更是丰富多彩。在汉语语言中，服饰与文字结合而成的服饰语汇俯拾皆是。

由服饰而产生的语言表达形式通常有两种：一种是直接形容服饰的语

汇，通常被作为日常生活的基础用语，如：英语的“clothes，formal dress，pants …”等；汉语的“衣、裤、衫、帽……”。另一种是以服饰用语为基体，注入其他概念或思想内容，以阐释某种道理或凭借服饰用语加以延伸、转注而予以运用。如：英语的“turn one's coat，hat in hand，have ants in one's pants… ”；汉语的“荆钗布裙、镜破钗分、有衣无帽——不成一套……”。

与服饰相关语言是社会语言中的重要组成部分，它包括：英汉与服饰相关习（成）语、与服饰相关汉语惯用语、与服饰相关汉语歇后语、与服饰相关英汉委婉语、与服饰相关英汉色彩词语等语汇。

对与服饰相关语言进行研究能够反映出服饰发展的时代性和民族性。其实服饰本身也是一种社会语言。中西服饰语言作为文化的载体，记录了中西服饰文化内涵，反映出不同民族对服饰社会作用的普遍认知。英汉服饰语汇作为一类具有一定文化特色的词汇与语言具有丰富的文化内涵，探讨该类语汇有着很高的语言学价值和文化学价值。

第三章　服饰词、词语

语言中蕴含着文化，文化的丰富和发展也得益于语言发展。语言是人类所创造文化的重要成果之一，是文化的一部分。而词汇是构成语言的基础和要素，在语言的要素中词汇与文化的联系是最为密切的。词汇蕴藏着语言使用者的人生观、价值观、生活方式和思维方式，可以说，词汇背后蕴含着深层的文化内涵。所以文化、语言、词汇三者关系密切，研究词的文化含义需要了解文化和语言学的关系。服饰文化与语言密不可分。

古今中外，人们的服饰穿着状态、行为以及它的演变和发展都受服饰穿着观念和服饰价值观念的支配。服饰是人类社会生活的要素，也是一种文化、文明的载体。服饰不仅可以遮体避寒，而且蕴含着厚重的文化内涵。人类不但创造出绚丽多彩的服饰，还延伸出很多与服饰相关的词汇。这些词汇承载了深厚的服饰历史文化、审美风俗和社会生活的意蕴，丰富了英、汉两种语言的语汇。

服饰词、词语一般有两种表达形式：一种是直接形容穿着服饰，是日常生活中常用的基础用语；另一种是以服饰基础用语为基体，融入其他的概念、寓意和思想内容，以此表达某种特定的含义或阐释某种道理的语言表达形式。

本章重点探讨服饰词语的第二种表达形式。

一、英语服饰词语

英语服饰词语有两种表达形式：一种是直接形容服饰的基础用词，如：jacket（上装），suit（西装），glove（手套），cap（帽子），sleeve（袖子）等。另一种是为阐释某种道理而注入其他思想内容的表达形式，如：服饰习语“keep one's shirt on”，“tighten one's belt”等等。“语言特征和文化特征常常难分彼此。”英语服饰词语的形成与其语言所属的民族服饰文化密不可分，英语服饰词语真实地反映出英语民族的服饰文化发展历程，传递着超出服饰本身以外的特定的信息和特定的服饰文化特征。

英语服饰词语在英语日常语言使用中比比皆是，如：whole cloth（纯属捏造），a bad hat（坏蛋，不老实不道德的人），an old hat（愚蠢的、讨厌的老家伙，老手），a fancy pants（纨绔子弟），an empty pocket（没钱的人），pocket money（零用钱），the cat's pyjamas（最棒的人或主意、事物等），another pair of shoes（另外一回事），blue stocking（才女，女学究），bless one's cotton socks（太感谢了，谢天谢地），grey suits（幕后人物；不为公众所知的当权者），all mouth and trousers（光说不练，只有夸夸其谈没有实际行动），等等。

在英语语言中有很多与服饰相关并带有特定内涵的习语，它们在日常生活语言中使用的频率很高，其中很多习语与其历史文化是密不可分的。在英语语言使用中有很多这样的例子，比如，对与“帽子”相关的英语服饰习语的理解和对西方帽文化来源的了解密切相关。帽子是西方服饰历史上重要的一个饰物，比如在西方上层社会有些男士甚至一天会换上三四次服装，不同时间、不同的场合对衣、帽等服饰的要求也是不一样的。当然，不同身份的人所带帽饰也不一样。服饰领域的普遍常识告诉我们，人不会同时带很多帽子，而很多行业都有自己特定外观的帽子。理解这类习语，对了解有关帽子的社会常识起着重要的作用。有关帽子的规约常识包括：帽子本身、使用、功能和身份等。如 19 世纪中叶，帽子几乎是所有女性的家居必备品。睡觉和外出都佩戴不同的礼帽。而男士着便服和礼服时也佩戴不同的帽子，而且通常帽子可以折成扁平状，便于夹在腋下，里面还设计有弹簧方便撑开帽子。可见，与帽子相关的英语习语都源自人们对这一服饰的认知、观察、感受和体验，源自人类对“帽”饰文化的各种生活体验。如“hats off to sb. 向……（脱帽）致敬”。

与“手套”相关的英语服饰习语反映的是古代西方国家服饰的特色，因为中国古代没有使用手套的习俗。手套是西方服饰中常见的饰物，人们在室外常佩戴手套，在室内佩戴手套主要是出席舞会等正式场合或者社交拜访之类的活动。西方国家由手套这一特殊的服饰及其与之相关的服饰行为与体验形成了许多相关的英语习语，如：“throw down the gauntlet/glove”，它的意思是“挑战”，源出欧洲中世纪习俗。“take off the gloves to sb”，意思是“与某人认真地或不宽容地争辩”。“bite one's glove”，意为“复仇”。“gauntlet”是欧洲中世纪骑士戴的用皮革和金属片制作的铁手套。骑士向别人挑战时，就摘下手套扔在地上。如果对方接受挑战，就从地上捡起手套。手套成了挑战和应战的象征物。后来人们用 glove 代替 gauntlet。由此引申出相对应的英语服饰习语“pick/take up the gauntlet”，以此表示接受挑战。此类习语还有：

◆ fight with the gloves off　　真刀真枪地战斗，你死我活地战斗

◆ go for the gloves　　孤注一掷；不顾一切，蛮干

◆ handle without gloves　　严厉对待，大刀阔斧地处理

◆ put on gloves　　对敌手进行温和的攻击

通过上述两个例子可以看出西方服饰文化的丰富多彩和独有特色。再以与“袖子”相关的英语习语为例，对与“袖子”相关的服饰习语的理解，首先我们要了解西方袖子文化的历史来由。这些习语与早期西方袖子的设计是分不开的。据记载，16 世纪人们的衣服没有口袋，于是就常把东西放在袖子里，

这种服饰风俗导致产生了大量的与“sleeve”相关的习语，例如：

◆ We really need to win this game to make it the next round. I hope Coach has a few ideas up his sleeve. 我们真的需要赢得这场比赛，使下轮赛季获得成功。我希望教练已经想好了。(have sth. up one's sleeve　　暗中已有应急的打算)

◆ She wears (pins) her heart on her sleeves. 她坦诚表达自己的情感。(wear 或 pin one's heart upon one's sleeve　　十分坦率，公开表达某人的情感)

◆ Jane looked very serious, but I knew she was laughing in her sleeve. 珍妮看起来很严肃，但是我知道她在偷笑。(laugh in one's sleeve　　暗暗发笑，窃笑)

◆ He always hangs on his boss'sleeve. 他总是对老板言听计从。(hang on sb's sleeve　　依赖某人，听从某人)

◆ After the election, the mayor rolled up his sleeves and began immediately to put his promises into action. 竞选之后，市长准备行动起来，兑现自己的承诺。(turn 或 roll up one's sleeves　　准备行动)

◆ He always has cards up his sleeves, whenever faced up with a puzzle, he could find a way. 但凡遇到难题，他总有锦囊妙计，总能找到方法解决。(card up one's sleeve　　锦囊妙计；秘而不宣的计划)

这类习语在英语日常语言中使用尤为广泛。但正确理解这类习语离不开日常生活中有关袖子的服饰常识、体验、行为等。有关袖子的服饰常识包括：袖子本身、涉及袖子的服饰行为与体验、袖子的功能等。

二、汉语服饰词、词语

汉语服饰词语首先从与服饰相关汉字的说起。汉语中组成服饰词语的字大多为象形字和会意字。象形字是来自图画的文字，是原始社会的一种造字方法。用文字的线条、笔画，把所要表达物体的外形特征具体、形象地勾画出来，这是对原始描摹事物的记录方式的一种传承，是世界上最早的文字，它也是最形象、演变至今保存比较完好的一种汉字字体。如汉语的“裤”在古代为“绔、袴”，表示古人着裤的样子。“求”和“裘”原本一字，其形状像毛在外的皮衣，与“衣”字相似。“求”字是在“衣”字的基础上加了外毛形象,它的本义就是皮衣。衣带中的“带”也是象形字。从“带”的形状上看，上面表示束在腰间的一根带子和用带子的两端打成的结，下面像垂下的须子，起着装饰作用。此类字还有“网、巾、系、革、衣”等。

会意字是用两个或两个以上的独体字，根据它们意义之间的关系合成一个字，综合表示这些构字成分合成的意义，这种造字法叫会意。会意字是根据事物间的某种关系而组合两个或两个以上的文字来示意的造字方法。用会意法造出的字是会意字。如“麻”字解析为“广”与“林”的意义合成，即房内挂着一缕一缕的纤麻。服装的产生源远流长，并在语言文字中得到深刻的反映。古汉语中有不少与服饰有关的字和词：表示上衣的“衣、裘、表”，表示下衣的“裳、裙、挎、挥、松”，表示衣袖的“袂、袪、袖”等。这些字是汉语服饰词语形成的最基本要素。此类字还有“裕、丝、纱、绵、棉”等。

汉语服饰词语也有两种表达形式。直接形容、描述服饰的基础用词，如；服装、衣、鞋、帽、袜、袖、围巾、领、裤、丝、棉、绒、绸等。除此之外，还有一种阐释一定道理，表达一定思想内容的惯用语、歇后语、委婉语等熟语形式。如：“绿帽子”、“帽子里搁砖头——头重脚轻”、“大盖帽”等等。这些表现形式在我们汉语日常生活语言表达中比比皆是，如：

◆ 那个年代我们经常会看到大盖帽在大街上走来走去。（大盖帽，人民群众对执法人员的统称）

◆ 打是亲骂是爱，他骂你是因为你确实伤害到他了，戴绿帽，无论哪个男人都无法接受。（常指妻子有不贞行为。）

◆ 你的这篇文章有点帽子里搁砖头——头重脚轻，你回去好好修改一下。

（常指根基不扎实。）

汉语服饰词语，从语言学视角来说，历史悠久、结构稳定并且构词能力较强。汉语服饰词语作为文化的载体，承载着汉民族文化的深刻内涵。因此，服饰词语不同程度地带有尊卑、善恶、褒贬、奢俭等伦理道德观念或时尚、风格等美学色彩，人们可以通过这些内涵，了解社会的哲学思想、等级观念、审美意识等社会、历史和文化信息。

自古多彩多姿的服饰从记号语言升格为生活中语言，延伸出很多服饰词汇。这些词汇承载了深厚的中国古代服饰历史、服饰文化、审美风俗、社会生活的意蕴，丰富了我们汉语言语汇。以与“衣”相关的词语为例，在古汉语中有：

白衣——无功名或无官职的士人。如：

◆孙权通章表。伟白衣登江上，与权交书求赂，欲以交结京师，故诛之。

朱衣——官员。如：

◆每至冬至，及缘大礼，应朝参官并六品清官并服朱衣。

铁衣——战士。如：

◆管教这数千员敢战的铁衣郎，则有个莽张飞他可便不服诸葛亮。

缁衣、衲衣——僧人

白日绣衣——富贵后还乡，向乡亲们夸耀。如：

◆空辟侍御史，後为兖州刺史，以二千石之尊，过乡里，荐祝祖考。白日绣衣，荣羡如此，其祸安居?

在现代汉语中有：

衣裳——泛指衣服

便衣——指警察

百家衣——中国特有的一种典型的民俗服装。父母期望孩子健康成长，向邻里乡亲讨要零碎布帛，缝制成衣服给婴儿穿，以此来求得吉利，这种衣服被称为“百家衣”。有时也用来指穷人所穿的补缀很多的衣服。在日常生活中我们常常听到或者是用到这个词语，如：

◆ 这几天，虽然我们吃的是百家饭，穿的是百家衣，但心里全都是感动和感激！

◆ 彦彬是个重情义、讲感情的人，他从小丧母，靠吃“百家饭”、穿“百家衣”长大，对乡亲、朋友有特殊的感情。

锦衣玉食——指着鲜艳华美的衣服，吃珍美的食品。形容豪华奢侈的生活。如：

◆一个人可能过着成功而富足的生活，但是锦衣玉食并不一定就是幸福。

除与“衣”相关的词语之外，还有很多与服饰相关词语，与冠相关的词语有：树冠、冠冕、怒发冲冠、冠盖如云、弹冠相庆、勇冠三军，等等。又如词语裙钗（指女子）、襟带（指衣襟和腰带，也比喻山川屏障环绕，地势之险要。）、倒裳索领（指把衣裳倒过来找领口。比喻做事找不到要点。）、袖里乾坤（指狭小的袖中能收纳天地之阴阳万物。比喻变化无穷的幻术。）等。在汉语日常生活语言中我们常见下列例子：

◆ 他们本应是“赤绳系足”，缔结百年之好，到头来却落得“分钗断带”，有情人难成眷属。

◆ 中国红歌会半决赛落下帷幕，所产生的红四大天王在男女数量对比上，可谓巾帼须眉平分秋色。

当代语言中的服饰词语更是妙趣横生，更富表现力。如：衣锦还乡（指做官以后，穿了锦绣的衣服，回到故乡向亲友们玄耀）、袖手旁观（把手笼在袖子里，在一旁观看。多指看到别人有困难，不帮助别人）、巾帼豪杰（女性中的杰出人物）、扣帽子（对人或事不经过调查研究，就加上现成的不好的名目）、盖帽儿（形容那些罕见的、高超的事物和最好的、最高级的技艺）等。

另外，现代汉语中常用的服饰词语还有：衣冠禽兽、衣冠楚楚、节衣缩食、一衣带水、勒紧裤腰带、裙带关系、张冠李戴、不要扣大帽子、乌纱帽、戴绿帽子、踏破铁鞋无觅处，得来全不费工夫、穿小鞋、破鞋、西装革履、削足适履、如履薄冰、同穿一条裤子、纨绔子弟、脚插到别人的裤管里、当你穿开裆裤的时候、领袖、提纲挈领等。

在我们现代日常生活中，所使用的与服饰相关词语比比皆是。汉语中很多服饰词语背后都有与服饰相关联的历史根据、传说和故事，体现了服饰词语的文化历史积淀。如：

“大红袍”讲的是一位穷秀才进京赶考，路过武夷山得了一种怪病而食欲不振，武夷山天心寺方丈命人泡了一碗茶送给秀才，结果茶到病除，秀才后来又中了状元，随后御赐一件大红袍。秀才后来充满感恩，将大红袍披到三株茶树上，因此后人将三株茶树产的茶叶称为“大红袍”。如：

◆南京雨花、杭州旗枪、安徽屯绿、福建武夷的大红袍，以及江西、江苏的云雾茶，都是畅销国外市场的上品。

“五服”与古代丧葬服饰文化相关。古时丧服按照跟死者亲疏分为五种，即古代丧服的五个等级，重轻有差别，五服之内为亲属，五服之外则不是亲属了。如：

◆蒋每逢回乡过生日，对同族五服以内的贫苦年老穷而无靠者，每人给10至20元，博得老恤贫们的赞扬。

“石榴裙”涉及古代服饰色彩偏好。古代女子多喜欢穿红裙，其红色是从石榴花中提取。石榴裙是唐朝当时流行的服饰。后有“拜倒在石榴裙下”之说。唐天宝年间，唐明皇极其宠爱杨贵妃，以至不思朝政，因此众大臣迁怒杨贵妃，见她拒不行礼。后来唐明皇下令所有文武百官见杨贵妃都要俯首叩拜，以后“拜倒在石榴裙下”便流传下来，意为“对女子崇拜倾倒”，显然含有讽刺的意味。如：

◆噢，她使那一带所有的男人都拜倒在她的石榴裙下。她是世界上最俏丽的佳人了。

“汗衫”在古代最初被称为“中衣”、“中单”，是一种用纱和绢制成的内衣。汉高祖与项羽战时，汗透中单，于是就有了汗衫之名。今天的汗衫与古代的汗衫式样、质地均不同，可是仍然称作汗衫，是因为它们都有吸汗的功能。在现代汉语中指一种身上的薄内衣、吸汗的贴身短衣或者衬衫。如：

◆这几年，假冒伪劣大肆猖獗，上至彩电、冰箱，下至袜子、汗衫无一没有假冒伪劣产品。

“衣裳”则是指古代上下连在一起的服饰，即上衣为衣，下衣为裳。

“衣冠禽兽”源于古代官员的服饰制度。封建官员的服饰上都绣有飞禽走兽，明清两代文官服上绣的是禽，武官服上绣的是兽。衣冠上的所绣禽与兽越是珍奇，品级越高。如：明代文官官袍从职位上由高到低分别绣有仙鹤、锦鸡、孔雀、云雁、白鹇、鹭鸶、溪敕（又名鸂鶒 xichi）、黄鹂、鹌鹑、练鹊；武官官袍则分别绣有：狮子、老虎、豹子、熊、彪、犀牛、海马。后来这些人只顾当官做老爷，无视百姓疾苦，“衣冠禽兽”就成了官员们仗势欺人、鱼肉百姓、像禽兽一样品德败坏、卑劣之人的代名词。该词语在日常生活中使用广泛。如：

◆没想到他平日风度翩翩，原来竟是个无恶不作的衣冠禽兽。

“连襟”最早是指朋友关系。唐朝杜甫在送友人诗中提到“人生意气合，相与襟袂连”。襟是指衣襟，袂是指袖子，以此比喻亲密关系。北宋末年，洪迈堂兄不得意，其妻姐夫便为其写了推荐信去京城供职，于是这位堂兄托洪迈写了一封谢启，其中有一句是“襟袂相连”，意指自己和妻子的姐夫。“连襟”由此便开始流传开来。如：

◆ 于是，老东山直奔连襟的家门而来。

◆ 萧家骥自己也笑了，看起来，他是想跟胡先生做连襟；既然至亲，无话不好谈。

词语“领袖”和服饰当中领与袖的功能有很大的关系。如：

◆ 义务教育起源于德国。宗教领袖马丁·路德是最早提出义务教育概念的人。

◆ 蒋廷黻说他的父亲很有经商的天才，而且是一位民间领袖。

词语“绿帽子”与古代服饰制度相关。汉武帝之后，服饰颜色成为区别贵贱、尊卑的一种标识。“绿色巾”为卑贱的服饰。对犯法的下属罚戴绿头巾。元明两代，乐人、妓女须着绿服、青服和绿头巾以示卑贱的地位。之后妻有外遇者为戴绿头巾。头巾即为帽子，所以后来演变为“戴绿帽”。

除此之外，像“两袖清风、戴高帽、裙带关系、三寸金莲、乌纱帽、百褶裙”等词语都有各自的历史渊源和来历。

当然，生活在同一个物质世界的英、汉两个民族经历了大体相同的社会发展阶段。物质世界的共同性、人类思维和情感的共通性，形成了英、汉服饰词语的相通性。中西方服饰与各民族生活息息相关。在有些词语中，如“帽”（cap and hat）、“衣领”（collar）、“袖子”（sleeve）、“鞋”（shoe），集中体现了服饰类词语在英、汉两种语言中的内涵，体现出英、汉语的文化同一性。汉民族自古就有戴冠的礼仪，古代贵族男子成年时要行冠礼，也就意味着自此之后要担负起社会责任。而英语中“hat in hand”和“take one's hat off to (someone)”也体现了与帽子相关的礼仪。英语有“white collar”,“blue collar ”,“pink collar ”,“grey collar”,“gold collar worker”等，指称某个人从事的职业。而在汉语中，“衣领”通常也是指社会地位与职业，如：“白领”、“蓝领”、“粉领”、“灰领”、“金领”、“红领”、“油领”等；汉语中的“袖子”体现隐藏、遮盖的社会功能。因为在古代交易中，买卖双方经常在长袖里面利用手指头讨价还价。英语中同样有“Have a plan up one's sleeve”（指暗中已有打算），“Laugh in one's sleeve”（指偷笑），“have a card up one's sleeve”（指藏在袖子里的秘密）等。

第四章　与人物称谓相关服饰词语

人物称谓，包括称呼他人和自称两种。在有着数千年文化传统以及号称礼仪之邦的中国，人物称谓在社会生活中经过历代传承，已经成为一种社会习俗。通过探讨服饰人物称谓的服饰文化内涵，我们不仅可以加深对中国服饰文化内涵的理解，而且还可以了解、体会和观察到中国传统服饰文化中封建社会的阶级观念和等级差别。

中国是一个文明古国，同样它的服饰也历史悠久。中国古代封建社会中，不同阶层的人因穿着的不同而拥有不同的社会地位，所使用的不同称谓形式可以揭示一个人的社会地位和阶级属性。因为中国古代的服饰显示了服饰穿着者的尊卑贵贱以及性别职业差异，因此，不少服饰词语成为某类人物的代称，有的甚至通用至今。

基于人们基本经验的认知机制，人物称谓通常通过转喻表达意义。转喻体现的是事物某一方面特征的邻近和突显关系。转喻有两种方式：整体与部分之间的关系和整体内部各部分之间的关系。汉语服饰称谓具有相似的认知机制，通常是以服饰的某部分转喻或指代人。

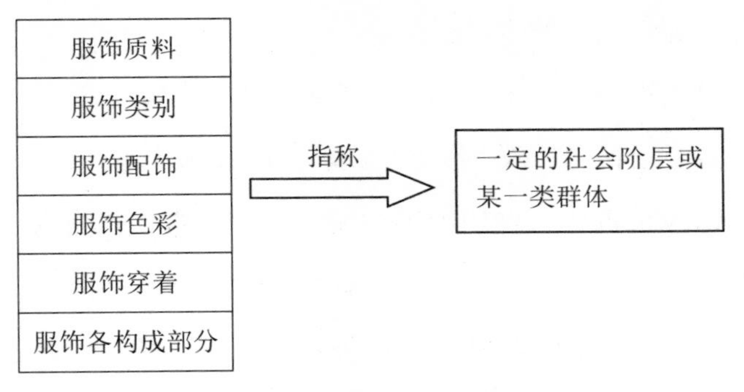

图 4-1 服饰人物称谓

服饰称谓的本体是人。在人作为整体与其部分之间的转喻中，人们所穿服饰的某一方面特征在这些称谓词里得到了突显。如：质料、配饰、色彩等。通常服饰称谓解释为：以服饰质料、服饰配饰、服饰色彩、服饰穿着方式以及服饰各构成部分转指某一类人。如图 4-1 所示，这类转喻涉及某类人群和服饰质料、类别、配饰、色彩等服饰特征的关系。本章将服饰人物称谓词大致分为以服饰质料代人物、以服饰类别代人物、以服饰配饰代人物、以服饰色彩代人物、以穿着方式代人物和以服饰各构成部分指代人等六类，并结合语言实例进行阐述。

一、以服饰质料转喻人

在日常生活中，不同阶层的差别是通过凸显服饰质料体现出来的，以服饰质料转喻人，体现的是服饰中的部分与整体的转喻关系，即以部分指代整体。因此以服饰质料作为称谓应是服饰称谓词里数量最多的，服饰质料生动形象地表示人的称呼，同时也折射出人们的阶级属性。如：

布衣：指麻布之类的衣服。因布衣是平民的衣着，故代指平民。平民的服饰质料特征通常是麻布，平民贫穷，只能用低贱的织物缝制衣服。以质料特征转指人。其他例子还有：

褐夫：褐是麻毛织品，质地较次，是穷苦人穿的衣服。褐夫代指贫民。

是广大的下层劳动人民的主要服饰。

麻衣：麻衣即布衣，但词义有所不同。古代读书求官的士人一般都穿麻衣，所以，古时候把“麻衣”作为赴试求官的人的代称。

纨绔：纨绔是古代一种用细绢做成的裤子。古代富贵人家的子弟都身穿细绢做的裤子，因此，人们常用纨绔来形容富家子弟。

在封建社会里，服饰的社会功能被传承下来，统治阶级往往为不同等级的人制定不同的服饰及其不同的质料区隔，借以区别其阶级差异和社会地位的高低。

二、以服饰类别转喻人

在古代，不同的社会阶层和不同的社会分工，人们的服饰穿着也不同。一个人与其他人的不同穿着凸显了两者不同的社会阶层群体。事物之间的凸显性是转喻的基础。通常是以部分代整体，即以特定的服装转指人物，体现的仍然是一种认知关系。如：秦时平民用黑巾裹头，称作“黔首”，代指平民。“袍泽”是古代士兵所穿的衣服，故代指将士、战友。“同袍”指代朋友、同学、同僚等。“袍笏”（páohù）是古代官员上朝时所穿的官服，故袍笏指有品级的文官。“袈裟”是和尚穿的斜襟对开服，故代指和尚。古代士以上戴冠，故“衣冠”常指士大夫或缙绅。而古代官吏常戴帽子，乘坐带顶的马车，因此冠盖指官吏的帽子和车盖，后以“冠盖”代指达官贵人。由于古代士以上官吏可以带礼帽，因此用“冠冕”指代官吏。

三、以服饰配饰转喻人

在古代人们日常生活当中，服饰配饰也能反映出人们社会地位的差异。服饰配饰是服饰中重要的一部分，凸显一个人服饰美的观念与品位以及社会等级差异。如：

巾帼：古代妇女戴的头巾，故代指妇女。在人的认知过程中，以特定的服饰配饰转指某一类人，体现的仍然是部分代整体的认知关系。

（1）韦带：熟牛皮制的腰带。普通平民系韦带，故代指平民。

（2）黄冠：黄色的束发之冠。因是道士的冠饰，故代指道士。

（3）金貂：汉以后皇帝左右侍臣的冠饰，故代指侍从贵臣。

（4）缙绅（jìn shēn）：官宦的代称。

（5）裙钗：唐以后用裙钗代指妇女。

（6）珠履：缀有明珠的鞋子。战国时楚国春申君有食客300多人，凡是上等宾客，穿的鞋子都缀有明珠，"珠履"成了豪门宾客的代称。

（7）冠玉：帽子上装饰用的美玉，故以此指代美男子。

上例从（1）~（7）中的称谓都是以配饰转指特定的群体，体现出以部分代整体的关系，从而使人们能够清晰地理解这些称谓的本身含义以及它们的社会意义。

四、以服饰色彩转喻人

服饰色彩的不同同样反映的是社会阶级属性的差异。在古代，通常以服饰的颜色作为区分社会成员身份的尊卑贵贱的手段。任何人在服色方面的错误选择都意味着"罪"，从而使颜色逐步具有了地位尊卑的含义，阶层高下的文化特性。至隋朝之时，品级不同的官宦之间，所着服装色彩被严格区分开来，规定五品以上的官员可以穿紫袍，六品以下的官员分别用红、绿两色，小吏用青色，平民用白色，而屠夫与商人只许用黑色，士兵穿黄色衣袍，任何等级禁止使用其他等级的服装颜色。至唐时，所有社会成员的等级身份、大小官员的品秩序列都显示得清清楚楚，从此正式形成由黄、紫、朱、绿、青、黑、白七色构成的颜色序列，成为封建社会结构的社会等级标志。如：

（1）黄裳：太子的代称。

（2）黄衣：道士穿的黄色衣服，故代指道士。

（3）紫衣：贵官。

（4）朱衣：官员。

（5）青衿：也作青襟，古代读书人常穿的衣服，故代指读书人。

（6）青衣：古代婢女多穿青色衣服，故代指婢女。

（7）白丁：古代平民着白衣，故以白丁称呼平民百姓。或以白衣、白身称之。

上例从（1）~（7）人物称谓中，都是以某一群体服饰色彩转指该类群体，体现出服饰色彩与人物称谓的特殊关系及其在人们理解服饰文化内涵方面的重要作用。

五、以服饰穿着方式转喻人

服饰穿着方式所反映的不同的人物称谓，如：

左衽（rèn）：古代衣襟又称为衽，左衽指襟向左掩，左衽指东方、北方少数民族的装束，后用左衽代指少数民族。“被发左衽”指的是古代某些中原以外的少数民族常见的装扮，具体是指一种极其粗放而简单的装束。

右衽：古代中原汉族服装中衣襟要向右掩，用右衽代指汉族。在中国商代，华夏民族上衣下裳束发右衽的服装习俗已经基本形成，到周代冠制也日趋完善。

六、以服饰各构成部分转指称某一类人

领袖：原指服装的领子和袖子。由于领子和袖子是“衣”中极其容易磨损的部分，所以制作衣服过程中，人们通常在这两个地方费尽心思，目的是

使之突出醒目。古人认为领和袖具有突出、表率作用，因此用以指能为人表率的人或者指最高领导人，此词沿用至今。

当然，以服饰来区别等级贵贱的情况在西方国家也十分普遍。中世纪贵族和农奴的服饰就有很大的不同，即使在贵族内部，因等级差异所体现出来的服饰差别也是显而易见的。服装的等级差异在文艺复兴时期达到了巅峰。服饰穿着可以标明一个人特殊的社会阶层，以及在该阶层中的地位、作用或者权利。例如，宫廷服饰与平民百姓的服饰。除服饰穿着不同外，贵族也有着自己的裁缝，手艺独特，精工细制。人们通过服饰及其缝制特征就可以轻松地辨认阶层归属。服饰的颜色以及使用的材料也暗示出其特殊意义。宗教理念对西方古代服饰的影响也体现在等级差异上。最典型的例子就是基督教的宗教理念对服饰形制的影响。从服饰的穿着差异就可以分辨出人们社会阶层的归属以及上下尊卑的身份差异。

总之，人物称谓是一种社会文化的体现，是主体的思想感情的载体。透过与服饰相关词语的人物称谓，我们发现在服饰之中包含着深刻的社会因素。由于服饰本身受着社会生产、生活环境以及社会制度的制约，因此不同的服饰以及服饰的不同特征既体现出人们的尊卑贫富以及不同的时代特色，又反映出不同的审美观念等精神方面的因素。

第五章　与服饰相关英、汉习语（惯用语）

每种语言都有大量的习语，没有习语的语言是不可想象的。下面分别介绍与服饰相关英语习语和与服饰相关汉语惯用语的文化内涵与意义。

一、与服饰相关英语习语

在英语语言中有大量的与服饰相关的习语。习语是语言中文化内涵积淀最深厚的部分，集中了语言和语言使用者的历史与文化，是英语语言的精华。英语学习中，不使用习语就很难用英语说话或写作，现代英语有习语化的倾向。英语习语结构固定，是英语民族在长期的社会实践中积累下来的一种约定俗成的特殊语言形式，折射出英语民族悠久的历史和缤纷的现实。其来源涉及物质、精神生活的方方面面。如：

◆ While the wife was out，the husband tried to cook a meal in the kitchen，but he was just like a bull in a china shop. 妻子出门去了，丈夫想在厨房做饭，但是动作显得十分笨拙，厨房弄得乱七八糟。（a bull in a china shop 是指笨拙粗鲁的人）

此类习语还有 bee's knees（了不起的人或物）、talk turkey（谈正经事）等，这些习语体现了习语的整体性、固定性、隐喻性等特征。与服饰相关的英语习语（以下简称英语服饰习语）的来源更是涉及西方民族服饰文化生活的方方面面。比如：pass the hat around（募捐）、talk through one's hat（信口雌黄）、burn a hole in sb's pocket（有钱就花，留不住）、know where the shoe pinches（自身经验中知道艰难）等习语都与西方日常服饰习惯、经验以及服饰历史有关。服饰习语就如同西方服饰文化百科全书，蕴含着服饰生活的方方面面，理解服饰习语有助于了解英语服饰习语的文化渊源、文化内涵与文化本质，进而准确掌握其意义。英语中的 idioms 数量很多，这是现代英语的特点之一。同时英语服饰习语种类繁多，下面我们根据服饰的不同方面对英语服饰习语作进一步的归类梳理，旨在更直观、更深入地了解服饰习语的文化内涵。

1. 与帽相关的英语服饰习语

理解这类习语，有关帽子的常识起了作用。有关帽子的规约常识包括：帽子本身、涉及帽子的行为、功能和身份等。理解该类习语要通过对生活中“帽”所涉及的隐喻、转喻和所形成的相关知识的结合才能得以明确。与帽子相关的英语习语都源自西方对这一服饰的观察、感受与体验，源自人们对“帽”文化的各种生活体验。如：

◆ Anybody who says we can balance the budget without raising taxes is just talking through his hat. 谁要是说我们能够在不提高税收的情况下让预算平衡的话，那真是胡说八道。（talk through one's hat 是指胡说八道；吹牛。）

◆ Not many students get this honor - it's certainly a feather in your cap! 不是很多学生能够被选上的。这实在是你的一个很大的荣誉。（a feather in your cap 是指值得荣耀的事、荣誉。）该习语源于广泛流行于亚洲和美洲印第安人中的一种风俗：每杀死一个敌人就在头部或帽子上插一根毛，以此来显示战绩与荣誉。

与 cap（无边帽）和 hap（有边帽）相关的习语还有：

（1）If the cap fits，wear it. 帽子若适合你，就戴上吧。如：

◆ I did not mean to call you a liar, but if the cap fits,wear it. 如果这批评说中了你的心事，就当作对你说的吧。

（2）cap in hand 谦逊地。

◆ He went cap in hand to the boss and asked for work. 他毕恭毕敬地走到老板面前请求得到工作。

（3）set one's cap at 力求使（某男子）娶自己为妻，倾心于某人。如：

◆ John sets cap at the girl. 约翰看上那个女孩儿了，在追她呢。

④ put your thinking cap on 动脑筋。 如：

◆ It's time to put your thinking cap on and solve the problem. 你得静下心来好好想想，看怎么解决这个问题。

◆ Put on your thinking cap and I'm sure you can come up with more ideas that would work for you. 好好思考一下，我相信你一定能想出更多的好点子来解决这个问题。

以上习语都与帽子的日常功能以及涉及帽子的生活行为有关。如：cap in hand，西方人在表达尊重、礼仪的时候会将帽子摘下放在手中表达尊敬和谦逊。又如：to cap it all（最糟糕的是）和 to keep it under the cap（保密）都涉及帽子的“遮盖”功能。再看下列一组例子：

（1）keep under one's hat 保守秘密。 请看下面对话：

◆ A：Why are you smiling from ear to ear？ 为什么笑?

◆ B：I have a secret. 秘密。

◆ A：Come on, tell me about it. 快点，告诉我。

◆ B：All right，but you have to promise to keep it under your hat. 好吧！但你得答应替我保密。

② pass the hat round 募捐；筹钱。

◆ Mary will marry and we pass the hat round for her. 玛丽要结婚了，我们替她筹钱。

此类习语还有：

（3）hat in hand 卑躬屈膝地

（4）hats off to sb. 向……（脱帽）致敬

（5）pick sth out of a hat 随便选择

（6）Knock sb / sth into a cocked hat 大大超过，使相形见绌

（7）pull sth / a rabbit out of the hat 突然提出解决办法

（8）throw your hat into the ring 正式宣布参加比赛

（9）wear two hats at a time 同时担任两个职务

人们习惯于利用有边帽进行募捐，所以出现了“pass the hat round”，西方人日常生活中喜欢带帽，因此帽子又成了日常打赌、发誓、吹牛和信号物等的工具，如：bet one's hat（拿出一切来打赌），I'LL eat my hat（表示某事几乎无可能；我才不信呢！如果……，我就不姓王）！ at the drop of a hat（一有信号就……；“帽子”是 hint（暗示）的讹音。无巧不成书，最初的信号物据说就是帽子。）等。如：

◆ Our university has a great football team this fall. If we don't win the national championship this year，I'll eat my hat. 我们大学今年秋天会组建一个非常强的足球队。要是我们今年不能获得全国足球赛冠军的话，我就不姓王。

帽子是区别不同职业的饰物。不同职业戴不同种类、不同颜色的帽子。如：

◆ Since his wife passed away，he has been wearing two hats at home as both father and mother. 自从他的妻子去世以后，他在家既当父亲又当母亲。（wear two hats at a time 是指同时做两种工作。）

帽子还可以指代人。如：a bad hat（坏蛋，不老实不道德的人）、an old hat（愚蠢的、讨厌的老家伙，老手，专家）等。如：

◆ Don't lend him any money; he's a bad hat and will never repay you. 别借钱给他，他是个不讲道德的人，他不会还你钱的。

◆ Whether you're new or an old hat to frugality,you might face issues with clutter. 无论你对“节俭”持的是新观念还是旧观念,你也要面对杂物这个问题。

2. 与领相关的英语服饰习语

衣领是服饰中最重要的一部分。衣领通常具有美观、保暖等功能。与衣领相关的英语习语大多数涉及这些功能，同时也涉及穿衣主体的各种情感表现。如：

◆ He got hot under the collar when someone took his radio. 有人拿了他的收音机使他怒不可遏。(hot under the collar 是指发怒。)

◆ You are in the collar now.You know marriage has its obligation. 现在你不能为所欲为了，你知道结婚要承担义务的。(in the collar 是指受到约束。)

在现代英语中，随着社会的变化、科技的发达，新的习语不断涌现，fuel collar 就是一个典型的例子。fuel collar（油领）指那些就职于旅游行业或者工作经常需要出行的人，例如，入户推销员、区域销售员、飞行员等。他们大部分时间都在旅途中度过，会耗费大量燃油。由此得名为 fuel collar。如：

◆ Her boyfriend is a fuel collar. He works for an airline company and travels a lot. 她男朋友是个油领。他在航空公司工作，总是出差。

家庭创业正在吸引越来越多的人加入，出现了新的习语“开领工人”(open-collar worker)。开领工人是指把家当作办公室,在家里上班的人,即“自由职业者”，这些“开领工人”的背景各不相同：有资深企业家、家政工人、被裁员工、刚毕业的学生、居家父母、不宜外出的残疾人以及退休人员，等等。不过，他们的目标是一样的：做自己的老板，工作时间比较灵活，还能花精力做自己喜欢的事情。如：

◆ A great number of young people are going to work for themselves in order to be a happy open-collar worker. 很多年轻人想给自己打工，成为一个幸福的开领工人。

绿领工人（green-collar worker）从事的职业包括环境咨询师、环境或生物系统工程师、绿色建筑师、太阳能和风能工程师及安装师、绿色机动车工程师、"绿色商业"老板，等等。

红领工人（red-collar worker）就是"红领"。红领是指国家公职人员，也就是我国党群机关、行政机关和社会团体中由国家财政负担工资和福利的工作人员，是和 white-collar workers（白领）、pink-collar workers（粉领）、gold-collar workers（金领）、blue-collar workers（蓝领）相对而言的。如：

◆ Becoming a civil servant – known as a red-collar worker in China – is the ambition of many white-collar workers in the city，according to a new survey. 根据一项新调查，成为公务员，也就是国内所谓的"红领"，是许多城市白领的梦想。

3. 与袖相关的英语服饰习语

袖子在西方服饰中的作用不可低估。西方古代罗马时代的服饰是以宽松的外袍为特点，且仅限于帝王、官员或贵族穿戴。古代的"宽衣"文化是指以地中海为中心的古代诸文明所创造的服装文化。其经典就是古希腊、古罗马的服饰文化。这是西方的"古典"文化，是西方文化的重要基础。从"宽衣文化"到"窄衣文化"经历了服饰的变迁，在此过程中，与袖相关的习语应运而生。如：

◆ He always hangs on other's sleeve，he has no ideas at all in the product design. 在产品设计上他总是听从别人的。

◆ "I admit，" he said of his own childhood，"I used to hang on my father's sleeves". 谈到自己的童年生活，他说总是习惯于听从父亲的指挥。

与 sleeve（袖子）、cuff（袖口）相关的习语还有：

（1）wear one's heart on one's sleeve 把自己的情感暴露给他人，如：

◆ She's a shy person. She's never been one to wear her heart on her sleeve. 她是个害羞的人，从来不敢把心里的真实想法表达出来。

（2）laugh in one's sleeve 暗暗发笑，窃笑

（3）spit on one's own sleeve 搬起石头砸自己的脚

人们在日常打牌休闲活动中会借用袖子进行娱乐活动，进而产生了一些习语，如："card up one's sleeve"（锦囊妙计；秘而不宣的计划）。这是因为打牌时，牌或是拿在手中或是摊在桌上，但是如果把一张牌置于袖子中藏起来，那这张牌一定是张好牌或王牌，留在关键时刻打出可以出奇制胜。该习语可与动词 have 或 keep 连用。有时亦作 an ace up one's sleeve。习语"play one's cards close to one's / the chest / vest"（秘而不宣；守口如瓶），是指人们在打牌时，总是小心翼翼地将手中的牌尽量贴近自己的胸部（chest）或上衣（vest），以免被其他玩家看到。后来转义为"秘而不宣，守口如瓶"或"不露声色"。动词 play 还可换作 hold 或 keep。此外，此类习语还有：

（1）smooth one's sleeve 成竹在胸

（2）roll up one's sleeve 准备大干一场

（3）speak off the cuff 即席发言

（4）have foods on cuff 赊账，分期付款

4. 与衣相关的英语服饰习语

◆ The girls were dressed（up）to the nines and went to the party. 姑娘们个个盛装打扮，前去赴宴。

◆ You might say when I wear my best clothes，I am dressed to the nines or dressed to the teeth. 我穿上我的最好的衣服，你会说我打扮得光鲜艳丽、十分耀眼。

与 coat（外衣）、dress（衣服）相关习语还有：

（1）turn one's coat 改变立场

（2）take off one's coat to the work 认真工作

（3）cut one's coat according to one's cloth 量入而出

（4）riding someone else's coat tails 借助成功人士的关系

（5）dress sb down 严斥某人

（6）dress up like a dog's dinne 穿着很讲究

（7）dress the part 外貌与工作相宜

（8）dressed to kill 打扮得迷死人

5. 与裤相关的英语服饰习语

日常语言使用中随处可见与“裤“相关的英语服饰习语，如：

◆ When Jones started up business in the town，he didn't know anybody，so he had to fly by the seat of his pants.（没有明确的指导，也缺乏足够的知识，只能靠直觉。）

◆ caught with their pants down（当一个人正在做坏事、做可耻的事情的时候被人发现了）。

◆ It's obvious that it is your wife who wears the pants in your family. 看出来是你妻子当家。（wears the pants in the family 在家里当家做主。）

此外，与“裤”相关的习语还有：

（1）wear trousers 掌权，当家。 如：

◆ In China men usually wear the trousers at home. 在中国，男人通常是一家之主。

（2）don't believe any trousers 不要相信任何男人。 如：

◆ Since I failed in my business，I don't believe any trousers. 自从生意失败后，我再也不相信任何男人了。

（3）all mouth and trousers 光说不练，只有夸夸其谈没有实际行动。 如：

◆ Their trouble was that they were all mouth and trousers. 他们的毛病是光说不做。

They talked all night about how to solve the problems, but they wouldn't do any thing to help. Their trouble was that they were all mouth and trousers. 他们整晚都在谈论该如何如何解决这些问题，可就是不肯动手帮忙。他们的毛病是光说不做。

（4）catch sb with their trousers down 使突陷窘迫，出其不意，冷不防。如：

◆ In the examination, some students tried hard to copy others, and caught with their trousers down by their teacher. 考试过程中有学生抄袭，被他们的老师看到，学生十分的尴尬。

6. 与鞋相关的英语服饰习语

与 shoes（鞋）相关的习语在英语语言中比比皆是。由于鞋是人们服饰中最重要的一部分，也是与人们日常活动不可分割的重要服饰。从与之相关的生活活动、经历以及服饰行为等中产生了很多相关习语。如：

◆ He was my boss in the company, but now the shoe is on the other foot, and Im his boss. 在公司他原是我的老板，但现在情况与此相反，我成了他的上司。

◆ His wife left him and then his firm put the boot in by making him redundant. 他妻子抛弃了他，接着他的公司落井下石，裁减了他。

◆ When Jack got hurt, the coach had nobody to fill his shoes. 杰克受伤了，教练找不到令人满意的人去代替他。

◆ When I went into the classroom, I had my heart in my boots. 走进教室时我非常害怕。

与 shoes（鞋）、boot（靴）相关的习语还有：

（1）wait for dead man's shoes 继承遗产

（2）as common as an old shoe 平易近人，虚怀若谷

（3）another pair of shoes 另外一回事

（4）die in one's shoes / die with one's shoes on 横死，暴死（不是死在床上）

（5）in another's shoes 处于别人的地位

（6）over shoes over boots 将错就错

（7）put the shoe on the right boot 责备该受责备者，表扬该受表扬者

（8）stand in the shoes of sb. 处在某人的位置

（9）step into the shoes of sb. 步某人的后尘

（10）live on a shoestring 节俭生活

walk in aother person's shoes 设身处地

If the shoe fits，wear it 如果觉得对就做吧

有的服饰习语与文学作品等有关。如：Goody Two Shoes 最早出现在“儿童文学之父”约翰·纽伯瑞（John Newbery）1766 年出版的《The History of Little Goody Two-Shoes》这本童话书中。Goody 是个仅有一只鞋子的穷孩子，一天她得到了一双完整的鞋，于是欣喜若狂地满大街跑，对路边的行人大叫：“Two shoes! Two shoes!”由此引出“那些通过炫耀自己的善举而达到目的的伪善的人”之意，也有的解释为“善良到使人感到虚伪甚至厌烦的程度”。

7. 与袜相关的英语服饰习语

人类穿袜子的历史由来已久，据不完全考证，在中国最早可以追溯到黄帝时代，以麻葛裹脚，在西方，大概可以追溯到公元前 5 世纪的罗马时期。袜子像衣服一样，均为世界服饰文明的重要组成部分。袜子也叫“足衣”、“足袋”。从“袜”这个字的构成可以看出：袜，左“衣”右“末”，这是一个会意字。袜子可解释为服饰的最后部分，即脚底的服饰。由于袜的服饰功能在英语日常语言中不乏与袜相关的习语。如：

◆ She is a blue stocking，it seems that she knows everything. 她是个才女，似乎无所不知。

◆ Pull your socks up. You will succeed 振作起来，会成功的。

此外，还有：

（1）blow / knock someone's socks off 令某人刮目相看，令人吃惊。如：

◆ He was slow，while he succeeded in business，which knocked our socks off. 他反应迟钝，但生意却成功了，这让我们十分吃惊。

（2）put a sock in / into it 别作声。如：

◆ Can't you put a sock in it when I am on the phone？我通电话的时候，你

静一点行不行?

◆ I told you to be quiet! Now, put a sock in it! 我告诉过你要安静的！你现在是不是该把嘴巴缝起来了！

（3）Bless his，her，etc.（little）cotton socks 太感谢了，谢天谢地。

英语中也有一些与服饰相关的谚语，而汉语中也有相匹配的谚语。如：

My little sister, bless her cotton socks, won the first prize in the Garment Design Contest of her university this year. 谢天谢地，我妹妹今年获得学校服装设计大赛一等奖。

（4）A stitch in time saves nine. 小洞不补，大洞吃苦；及时行事。如：

◆ If you have an idea for your final research paper, start writing today. Don't wait until the end of the semester. A stitch in time saves nine. 如果你的研究报告有什么想法，今天就写下来。不要等到学期结束。及时一点。

（5）Talking mends no holes. 空谈无补。如：

◆ Take action please，talking mends no holes. 快行动起来吧，空谈无补。

（6）Clothes do not make the man. 衣冠不能造人品。如：

◆ We are all familiar with these old sayings such as "Clothes do not make the man" or "One shouldn't judge a book by its cover" 我们都熟悉这些俗话，比如"人不靠衣装"，或"不能以貌取人"。

（7）Clothes make the man. 人要衣装，佛要金装。如：

◆ They say the clothes make the man, but Oscar Ruiz's clothes might save his life. 人家说人靠衣装，但是奥斯卡儒兹的衣服可能可以救他一条命。

◆ Dress accordingly and you will discover the truth in the maxim that clothes make the man--and the woman. 相应着装，你就会发现"人靠衣装马靠鞍"这个格言是很有道理的。

（8）Money burns a hole in the pocket. 钱在口袋里烧了个洞；有钱必花光。如：

◆ Don't let your money burn a hole in your pocket. 不要留不住钱。

◆ Manage money wisely. Don't let money burn a hole in your pocket. 三思而后行。精明地理财。不要留不住钱财。

当然，服饰习语与各国家的服饰习俗有着密不可分的关系。不同的国家有不同的约定俗成的服饰习俗。英国士兵的传统制服是红色，因此习语 red coat 意思是英国士兵。美国囚犯穿的囚衣是横条图案，因此，习语 wear the stripes 解释为坐牢。美国特种部队的帽子统一为绿色贝雷帽，后来引申出习语 the Green Berets，用来指美国特种部队。英国戏剧中，丑角常戴系铃帽，后来小丑就用习语"cap and bells"来表达。西方法官常常戴一种黑色法帽宣判犯人罪行或死刑，所以就有了 put on the black cap 的说法，意为准备宣判死刑。

二、与服饰相关汉语惯用语

1. 惯用语与成语

在日常语言表达中，人们常常混淆惯用语和成语。有些人认为他们是同一种形式，有些人认为他们是完全不同的。其实，惯用语与成语有一定的相似性，但两者是有区别的。二者特征如下：

（1）一般惯用语多是从口语发展来的，口语化强，而成语来源较广，且多用作书面语。

（2）惯用语的语义单纯易懂，而成语的语义丰富、深刻。

（3）惯用语使用随便，可分可合。如"吃大锅饭"可以说"吃了几年的大锅饭"，中间可加字，而成语使用要求很严格，中间不能加字，不能拆开使用。

2. 惯用语特点

惯用语是具有特定含义、形式短小、口语性很强的固定词组，首先是语义的双层性，除字面意义外，还具有深层次的比喻义或引申义、感情色彩和结构稳定的特征。惯用语在使用中一般不用字面意义，其深层含义（引申义或比喻义）几乎成了它的基本义。服饰惯用语具有惯用语的一切特征，下面以与服饰相关惯用语为例：

（1）深层次的比喻或引申义

方巾气：言行多迂腐学气。如：

◆他在抛弃腐儒的方巾气同时，也抛弃了知识分子的历史责任感。

穿小鞋：暗中报复人，刁难人。如：

◆他说："讲真话，提意见，不会挨整，不会被穿小鞋，更不会丢饭碗。"

连裆裤：比喻互相勾结、包庇。如：

◆大太太和朱瑞芳穿"连裆裤"，她感到自己孤孤单单的。

此类惯用语还有：

纺细线：干很精致的工作。

狗连裆：恶人勾结 。

戴眼罩：驴推磨时带上的布罩。比喻掩饰真相 。

（2）口语色彩和感情色彩

掼纱帽：因不满辞去官职。如：

◆为什么当初我告诉了你韩学愈薪水比你高一级，你要气得掼纱帽，不干呢？

乌纱帽：古代官吏戴的一种帽子，比喻官位。

解扣子：比喻解开思想疙瘩。

戴绿帽：比喻妻子有外遇 。

（3）多以三字格为主，也有少数二字或多字惯用语

袖里来袖里去：搞机密活动。

连襟：借用衣襟之间的距离，比喻姐妹的丈夫之间的亲戚关系。生活中一般是指姐夫与妹夫的互称或合称。

3. 谚语与惯用语

谚语是流传于民间的比较简练而且言简意赅的话语。谚语多数反映了劳动人民的生活实践经验，而且一般都是经过口头传下来的。它多是口语形式的通俗易懂的短句或韵语，语言活泼风趣。本章惯用语与谚语未做区别，统一归为惯用语。

4. 与服饰相关汉语惯用语

在我们日常语言表达中，总是经常用到服饰惯用语，这些惯用语都与我们日常生活中涉及服饰的行为、经验、传统以及服饰穿着规则等有关。如：

与帽子相关的服饰惯用语有：

戴高帽：对别人说恭维的话。如：

◆有事说事，别给我戴高帽了。

此类惯用语还有：

扣帽子：对人或事不经过调查研究，就加上现成的的不好的名目。

戴大帽子：给某人加夸大的罪名。

摘帽：除去所给的罪名。

土老帽：指乡下人。

盖帽儿：防守队员跳起拦网，在空中双手成“帽状”。

与服饰相关汉语惯用语是汉语言中最重要的一部分，是我们生活中无处不在、无时不说的语言。与服饰相关汉语惯用语常常和与服饰相关的观念、生活阅历、生活经验、行为、常识等有关。如：

◆ 老话说得好“由着肚子，穿不上裤子”，因此平常一定要注意锻炼身体啊！

◆“有钱堪出众，无衣难出门”，衣对我们来说尤为重要。

这些惯用语与我们的服饰生活经验有关，同时也强调了服饰在人类生活中不可缺少的重要地位。中国服饰观念崇尚节俭，这一点在生活语言中有所体现，如下列一些例子：

◆ 住房不在高，穿衣不在绸。

◆ 吃尽美味还是盐，穿尽绫罗还是棉。

◆ 笑破不笑补，穿旧不算丑。

◆ 新三年，旧三年，缝缝补补又三年。

有的惯用语与穿衣的经验有关，如："饭要吃熟，衣要穿宽"、"宁要宽一寸，不要长一尺"、"穿衣要宽，穿鞋要紧"、"衣怕长一寸，鞋怕大一分"等都涉及穿衣的舒适体验与经验。中国服饰观念中非常重视等级观念，这在惯用语中有所表现，如古代常说"冠虽穿弊，必戴于头，履虽五彩，必贱于地"。强调君主至上；"遍身罗绮者，不是养蚕人"体现的是阶级差异。而汉语服饰惯用语"吃饭看灶头，穿衣看袖头"、"穿衣不提领，必然有点蠢"则强调袖和领在服饰当中的重要性。"袖"除具备服饰功能以外，还能体现社会阶层的差异。中国袖子文化历史久远。明太祖朱元璋时代曾以袖子的宽窄来体现阶级的贵贱，当时规定只有贵人才能穿有宽大肥硕袖子的衣裳。古代的大袖子体现的是古代上层悠闲、舒适、自如的生活方式。宽大的袖子是上层社会的特权。而劳动阶层则需要辛苦劳作养家糊口，而宽大的袖子显然不适宜低层劳动人民劳作。

汉语惯用语"多钱善贾，长袖善舞"是指在戏剧表演中，一个演员的水平主要看她出场时甩水袖的水平。当代社会，"长袖善舞"常常指在拥有了金钱、权力之后，经过运筹谋划所表现出的无往不胜、无所不能的本领。所以，中国古代官场中的官员们多精通"袖中术"，总能把那飘飘的水袖舞得天花乱坠，以显示他们的袖中乾坤。受古代伦理道德影响，从中国清朝以前的服装款式来看，遮蔽人体的宽袍大袖是中国传统服饰的主流，因此产生了很多与袖相关的惯用语。这些惯用语至今在我们汉语的日常生活语言中随处可见也就不足为怪了。

汉语与服饰相关的惯用语常常涉及服饰的质地，这多来自人们服饰穿着的经验。如下面一组例子：

◆ 吃饱家常饭，防寒粗布衣。

◆ 粗茶淡饭能养人，破衣破袄能遮寒。

◆ 棉布衣裳菜饭饱，快活胜过皇帝佬。

◆ 绫罗绸缎好，不及婆婆纺。

◆ 化纤经烂，棉布吸汗。

◆ 吃不过青菜萝卜，穿不过毛蓝大布。

而惯用语“脖子围条巾，浑身不怕冷”、“衣好鞋子破，把人嘴笑破”、“鞋底要布新，鞋帮要衬好”以及“要得光棍俏，全凭鞋和帽”、“男人带松要受穷，女人带松要受害”则强调服饰中鞋、帽、围巾和腰带等服饰配饰在一个人的穿着中的重要性，这里也体现了人们服饰审美观的变化。“别人的饭好吃，自己的衣好穿”、“人不如故，衣不如新”表达的是对服饰阅历的总结。

需要补充的是，在汉语中有着相当数量的服饰惯用语，人们也把这些说法称作谚语，本书中惯用语与谚语未做区别。这些惯用语体现的是广大劳动人民在日常生活中所凝练出的语言精华。它们都与老百姓日常服饰行为、穿衣经验等有关。如：

◆由着肚子，穿不上裤子。　　养蚕的裤子破，游手佬穿绫罗。

◆山要林障，人要衣妆。　　人靠衣裳马靠鞍，鸟靠羽毛虎靠斑。

◆钱是人的胆，衣是人的脸。　　人是一个架，全靠衣裳挂。

◆猪无样，靠食胀；人无样，靠衣裳。　　人好靠衣装，衣好靠人衬。

◆在家看名望，出门看衣裳。　　吃得清淡，穿得好看。

◆肚里无食无人知，身上无衣受人欺。　　收拾打扮不为妖，吃饭穿衣不为苕。

◆美服人指，美珠人估。　　有钱堪出众，无衣难出门。

◆风不吹，树不摇，吃饭穿衣不犯条。　　会戴金簪一朵花，不会戴簪满头插。

◆千打扮，万打扮，不戴耳环不好看。　　丑人多作怪，爱穿又爱戴。

◆麻脸婆娘爱搽粉，癞头姑娘爱戴花。　　好马不在鞍，人美不在穿。

◆二八月，乱穿衣。 秋天九月乱穿衣，夏布裤子皮领衣。

◆三月三，脱了寒衣换新衫。　　未吃端五粽，寒衣不可送。

◆立秋三场雨,夏布衣裳高挂起。　　做了寒衣杨柳青,做了夏衣水结冰。

◆八月初一雁门开，懒妇催将尺刀裁。　　衣贵洁，不贵华。

◆衣不大寸，鞋不争丝”。　　领不让分，衣不让寸。

◆好男不吃婚时饭，好女不穿嫁时衣。　　宁穿过头衣，不说过头话。

值得一提的是，由于成语、谚语、歇后语和惯用语目前尚无严格统一的界定，四类专用词典收录词语互有交叉，所以有个别词语交叉阐述，未做更详细的划分。

附：与服饰相关英语服饰习语

blouse（女衬衫）

a big girl's blouse （尤指软弱或怯弱的男人）像个大姑娘一样；

button（纽扣）

① have a button（or a few buttons）missing　神经失常，行为古怪；

② have all one's buttons　神经正常；

③ take sb. by the button　强留某人

④ button up　顺利完成

⑤ on the button　准时；完全正确

⑥ be right on the button　准确无误，中肯

⑦ button one's lip　闭口无言，守口如瓶

⑧ press / push the panic button　惊慌失措，仓促行事

belt（带）

① hit below the belt 暗箭伤人或用不正当手段打人

② tighten one's belt 节衣缩食地度日

③ belt out 大声用力唱

④ belt up 别讲话，保持安静

⑤ pull in one's belt 忍受饥饿

⑥ under your belt 已经获得（从而感到更加自信）

⑦ belt and braces 万无一失，稳妥可靠

boot（长统靴）

① die in one's boots 横死，暴死

② give sb the boot /get the boot （被）解雇 / 卷铺盖，砸饭碗

③ lick one's boots 奉承某人

④ put / stick the boot in 狠狠地踢

⑤ the boot / shoe is on the other foot 情况与原来相反；此一时，彼一时

⑥ fill sb's boots / shoes 成功接管某人（的工作）

⑦ be quaking/shaking in your boots / shoes 担心得（吓得）浑身颤抖

⑧ too big for your boots 自以为是

⑨ be tough as old boots 坚强的，顽强的

⑩ have one's heart in one's boot 绝望、消沉、非常恐慌、非常紧张。

cloth（布）

① whole cloth 纯属捏造

② cut from the same cloth 一模一样

glove（手套）

① fit like a glove 完全相合

② take off the gloves to sb. 毫不留情地与人争辩

③ fight with gloves on　温文尔雅的争辩

④ work hand in glove　密切合作

⑤ an iron fist / hand in a velvet glove　外柔内刚

⑥ handle with kid gloves　小心翼翼

jacket（夹克）

① dust / smoke sb.'s jacket　殴打某人；

② pull down your jacket.　请镇定！不要激动！

③ send in one's jacket　辞职

linen（内衣）

① wash one's dirty linen in publc　家丑外扬，揭人隐私

② wash your dirty linen at home　家丑不外扬

neck（衣领）

① be up to your neck in sth / be in sth up to you back　忙于；埋头于；深陷于

② by a neck　以微弱优势获胜或失败

③ get it in the neck　受到严厉责骂；受重罚

④ in your，this，etc，neck of the woods　在那一地带；在某地区

⑤ neck and neck（with sb/sth）势均力敌；不分上下

pants（裤子）

① wear the pants　掌握大权，当家做主

② with one's pants down　处于尴尬境地

③ catch sb. with his pants down　做坏事时被抓到；攻其不备

④ have ants in one's pants　坐立不安

⑤ keep your pants on.　冷静，别着急

⑥ scare，bore，etc. the pants off sb　把某人吓坏（烦死等）

⑦ by the seat of your pants　凭直觉碰运气

⑧ a kick in the pants　鞭策，批评

⑨ get in her pants　骗 ...... 上床

⑩ a fancy pants　纨绔子弟

⑪ fly by the seat ofone's pants　凭直觉

⑫ beat the pants off　把某人痛打一顿

pocket（衣袋、钱袋；钱、财力）

① the money burnt a hole in my pocket（burn a hole in one's pocket:

留不住钱；花钱如流水

② out of pocket.（be in / out of pocket）赚钱 / 赔钱）

③ pick a pocket　扒窃

④ put his hand in his pocket for（be prepared to put one's hand in one's pocket: 准备花钱或捐款；慷慨解囊。

⑤ an empty pocket　没钱的人

⑥ line one's pockets　肥私囊，赚大钱

⑦ have sb. in one's pocket　可以任意支配某人

⑧ put one's pride in one's pocket　抑制自尊心，忍辱

⑨ have deep pockets　有钱，财力雄厚

⑩ eat into one's pocket too much　花费太多

⑪ burn a hole in one's pocket　滥用钱

⑫ dip into one's pocket　付钱，花钱

⑬ have the deal in one's pocket　实际占有，在某人控制下

⑭ be / live in each other's pockets　过往甚密，形影不离

⑮ pocket money　零用钱

pyjamas（一套睡衣裤）

① the cat's pyjamas　最棒的人（或注意、事物等）

skirt（裙子）

① like a bit of skirt　喜欢和妇女做伴

② skirt chaser　好色之徒

③ skirt the coast　小心行事，谨慎行事

shirt（衬衫）

① keep one's shirt（on......）　不发脾气，忍耐；不要冲动

② lose one's shirt　丧失全部财产；失手

③ give sb. a wet shirt　使某人累得汗流浃背；

④ get sb.'s shirt off　惹怒某人；

⑤ give sb. the shirt off one's back　为某人竭尽所能

⑥ put your shirt on sth　对 ...... 孤注一掷

suit（套装）

① suit your / sb's book　符合某人的要求；对某人方便（或有用）

② suit sb（right）down to the ground　完全合某人的意；称某人的心

③ suit yourself　随便

④ be your strong suit　是某人的强项

⑤ follow suit　跟风

⑥ in / wearing one's birthday suit　赤裸的

⑦（men in）grey suits　幕后人物；不为公众所知的当权者

tie（领带）

① white tie　指经常出面参加商业谈判，着正装打白领结的外籍人士

② tie in ... with...　...... 与 ...... 联系

③ wear an old school tie　校友

④ tie sb's hands　使某人受束缚，剥夺某人的权利（或自由）

⑤ tie the knot　结为连理，结婚

⑥ tie one on　烂醉

⑦ tie sb / yourself up in knots　（使）困惑不解

⑧ tied to sb's apron strings　唯命是从

zip（拉链）

① give sb a zip — up　活力，精力充沛

② zip code　邮政编码

③ zip one's lip　闭口不言，守口如瓶

附：与服饰相关汉语惯用语（谚语）

会使不在家富豪，风流不在衣着多。　　袜子不做底，皇帝穿不起。

衣贵洁，不贵华。　　粗料当，细打扮。

好饭吃个合适，好衣穿个贴身。　　饭穿衣量家当，搽油抹粉量衣裳。

饭要吃熟，衣要穿宽。　　宁要宽一寸，不要长一尺。

别人的饭好吃，自己的衣好穿。　　人不如故，衣不如新。

衣冠与世同，衣冠与时同。　　吃饭看灶头，穿衣看袖头。

穿衣不提领，必然有点蠢。　　吃不过菜和饭，穿不过青和蓝。　　夏穿白，冬穿黑。　　红配绿，丑到莞。

食莫重肉，衣莫重裘。　　吃饱家常饭，防寒粗布衣。

粗茶淡饭能养人，破衣破袄能遮寒。　　有衣的早寒，无衣的不寒。

饭少加碗菜，衣少加根带。　　腰里系根绳，抵你穿几层。

鱼冷拱水草，人冷穿棉袄。　　三件袍子，当不得一件袄子。

袄子一扪，顶穿三层。　　脖子围条巾，浑身不怕冷。

一层夏布一层风，十层夏布过个冬。　　重衣无暖气，袖手似揣冰。

三块地不抵一丘田，十层单不抵一层棉。　　千丝万绸，抵不上四两棉球。

千层纱抵不到一层棉。　　吃饭要吃黏面饭，穿衣要穿棉布衣。

棉布衣裳菜饭饱，快活胜过皇帝佬。　　面饭懒豆腐，草鞋农家布。

绫罗绸缎好，不及婆婆纺。化纤经烂，棉布吸汗。吃不过青菜萝卜，穿不过毛蓝大布。

衣好鞋子破，把人嘴笑破。鞋底要布新，鞋帮要衬好。要得光棍俏，全凭鞋和帽。

布鞋养脚，多棉少塑。　　三把扯上是好鞋，一把扯上是草鞋。

穿衣要宽，穿鞋要紧。　　衣怕长一寸，鞋怕大一分。

第六章 与服饰相关汉语成语

成语被称为“活化石”，是汉语言文化的精华，蕴涵着中华民族丰富的文化内涵。成语是语言中经过长期使用、锤炼而形成的固定短语。它是比词的含义更丰富而语法功能又相当于词的语言单位。汉语成语富有深刻的思想内涵，简短精辟，常常附带着贬义和褒义的感情色彩。成语多数为四字成语，也有三字或四字以上的成语，有的成语甚至是分成两部分，中间有逗号隔开。服饰成语作为整个成语系统中的一部分，历史渊源长久，使用频率很高，从形式到内容都有鲜明的特点。本章主要介绍与服饰相关四字成语。

衣是衣物总称，包括头衣、上衣、下衣、足衣；衫是衣的通称，后都泛指衣服。“衣衫褴褛”指衣服破烂，“衣不蔽体”形容生活十分贫困。衣服由领、袖、襟、带等部件组成，“提纲挈领”比喻把问题简明扼要地提示出来。袖，也称袂，古代衣服为长袖，垂臂时手不露出，有大袖、广袖之说。“长袖善舞”比喻做事有所凭借就容易成功，也形容有权势、有手腕的人善于钻营取巧；“举袂成幕”形容人多拥挤不堪。襟是上衣前面的部分，也称衽。“襟怀坦白”指心地纯洁、语言直率；“捉襟见肘”比喻生活处于极度困境之中，拉一下衣襟胳膊肘就露出来了。“连衽成帷”形容人多拥挤。“带”是用来束腰的，因此成语“衣不解带”用来形容人们日夜辛劳，不能安稳休息。

一. 汉语服饰成语反映出古代诸方面的文化信息

很多与服饰相关成语出自古代服饰样式、服饰经验、服饰行为等，有一大批成语在现代汉语中已经淘汰不再使用了；而还有相当一部分却经久不衰，一直保留并沿用至今，体现出历史文化沉淀后的语言精华。下面举一些例子来说明这一点。

1. 与服饰各个部分相关的成语

与发饰相关的成语：

巾帼须眉——巾帼：古时女子的头巾和首饰，借指妇女；须眉：胡须，眉毛，借指男子汉、大丈夫。指性格豪放，作风泼辣，有男人气派的女豪杰。如：

◆风狂雨骤，亚运赛程有变，巾帼须眉奋战势头不减。

荆钗布裙——用荆枝作钗，用粗布作裙。旧时形容妇女服饰俭朴。如：

◆但她对其他嫔妃的孩子都很好。她崇尚节俭，终身荆钗布裙，饮食简单。深受明帝的敬爱。

栉是篦箕和梳子的统称。在篦箕的材质上，贵族妇女多用金制、银制，普通妇女多用竹制和木制。“不栉进士”指有文才的女子，成语“鳞次栉比”原指像梳篦的齿那样紧密的排列着，后来形容房屋等依次排列、紧密相连。如：

◆那条街上的店铺鳞次栉比，非常的热闹。

笄(jī)是女子头饰，古代汉族女子用以装饰发耳的一种簪子。“女子许嫁，笄而礼之”(《仪礼·士昏礼》)，古代女子15岁时，要把头发挽成髻，用笄穿上，后称女子15岁为“及笄之年”。笄后称簪，古代男女都用，男子用簪，女子用簪则直插于髻。古成语“衣冠簪缨”原指仕官的服饰，后来用以指代达官贵族及其后裔。

与头冠相关的成语：

◆ 无冕之王——又被称为第四等级。是对新闻记者的美称。西方新闻界自诩记者为“无冕之王”，意思是说记者享有凌驾于社会之上的特殊地位。其实，在资本主义社会，资产阶级新闻媒体大多属于垄断资本家所有。如：

◆《泰晤士报》被称为英国上流社会的舆论权威，主笔辞职后常被内阁吸收为阁员，地位很高。人们就称这些报纸主笔是“无冕之王”。

瓜田不纳履，李下不正冠——履：鞋；冠：帽。经过瓜田，不弯下身来提鞋，免得人家怀疑摘瓜；走过李树下面，不举起手来整理帽子，免得人家怀疑摘李子。比喻容易引起嫌疑的地方，或指比较容易引起嫌疑，让人误会，而又有理难辩的场合。

冠冕堂皇——冠冕：帝王或官员们戴的帽子；堂皇：有气派的样子。形容表面上庄严气派，很体面的样子。今多含讽刺意味。如：

◆正因为如此旧观念作祟，因此竟出现了这样奇怪的现象：盗版者冠冕堂皇，被侵权者却羞羞答答。

与衣、裤相关的成语

成语“衣衫褴褛”中，衣原指头衣、上衣、下衣、足衣，衫是衣的通称，后泛指衣服。该成语是指衣服破烂。“衣不蔽体”形容生活十分的贫困。

衣服由领、袖、襟、带等服饰构件组成，由此引出成语“提纲挈领”，其意为把问题简明扼要地提示出来。

长袖善舞—— 古代衣服为长袖，垂臂时手不露出，有大袖、广袖之说。该成语是指做事有所凭借就容易成功，也形容有权势、有手腕的人善于钻营取巧。

襟怀坦白——襟是上衣前面的部分，也称衽。指心地纯洁、语言直率。

连衽成帷——形容人多拥挤。在古代，带是用来束腰的，所以“衣不解带”是形容日夜辛劳，不能安稳的休息。

粗衣粝食——粝：粗米。穿粗布衣服，吃粗劣的饭食。该成语形容生活俭朴清苦。也指不追求生活享受。如：

◆ 他背井离乡，粗衣粝食，为全国各地城市建设、也为改善家乡父老的贫困生活做出巨大的贡献。

绝裾而去——裾：衣的大襟。扯断衣襟，决然离去。形容态度坚决。如：

◆想到李约瑟对中国文化的一片痴情，怎忍心绝裾而去？

集腋成裘——裘，皮袍。指狐狸腋下的皮毛虽小，但聚集起来就能制成皮衣。比喻积少成多。如：

◆所有企业、部门和个人，勤俭节约，众人参与，聚沙成塔，集腋成裘，“希望工程”就会大有希望。

与鞋袜相关的成语

相对于服饰的其他构成部分，鞋所处的位置在最底下，相对来说没有冠或帽那么醒目，因此，现代汉语中“鞋”也常用于表示卑微、低贱的意思，与它相关的内涵也具有一定的服饰文化特色。请看下面例子：

隔靴搔痒——搔：抓，挠。在靴户外面抓痒。比喻说话、作文、办事不中肯，没有抓住解决问题的关键。如：

◆ 失去针对性的言论即使质量再高也是隔靴搔痒，难以解决实际问题。

◆ 倘与此有悖，声音再大，文章再多，也不过是隔靴搔痒，未能落到实处。

弃如敝屣——敝：旧的，破的；屣：鞋。形容像扔破鞋一样扔掉。比喻毫不可惜地扔掉或抛弃。服饰成语“弃若敝屣”、“去如敝屣”、“如弃敝屣”和它有相同之意。如：

◆ 有用的时候，他们会毫不顾忌地拿来使用，为他们挣钱，然后在完成使命的时候弃如敝屣。

二 . 汉语服饰成语与历史根据或故事

据《左传》记载，孔子的弟子子路在与叛乱者搏斗中，被戈击中，帽带也断了，子路在结好冠带后被杀，后以“结缨而死”形容慷慨就义。

古代贵族子弟20岁时要举行隆重的冠礼，表示成年，“弱冠之年”是指男子20岁。冠也象征职位，“挂冠而去”就是辞职不干。古人还往往借冠来抒发感情，如“怒发冲冠”形容非常愤怒，“弹冠相庆”指一人当官后同伙互相庆贺将有官做，小人得意忘形的神态。

东汉孟光嫁给梁鸿后，戴着荆枝首饰，穿上布裙，辛勤劳作，后以“荆钗布裙”形容妇女服饰朴素。

袍是古代长衣的通称。战国时范雎穿着穷人的衣服见须贾，须贾哀怜故人，于是赠送绨袍，后来有了成语“绨袍之赐”，其意为困难时别人给予的同情。袍也专指里面絮了乱麻等物的长衣，一般为战士和平民所穿，后称武人的友谊为“袍泽之谊”。

裘是皮衣，有狐、虎、狼、犬、羊等种类，古代君王及贵族穿狐裘，尤以狐白裘为贵。战国孟尝君有一件天下无双的白狐裘，送给秦王做见面礼。“粹白之裘，盖非一狐之皮也”（《慎子·知忠》），后用“集腋成裘”比喻积少成多。古人穿皮衣以毛朝外为正，反穿则毛在里，是怕损坏了皮衣上的毛，“反裘负刍（薪）”形容贫困劳苦，也形容不知事理、本末倒置。

此类成语还有：反裘负薪（指舍本求末。）、三千珠履（珠履：鞋上以珠为装饰，富贵之人用之。形容贵宾众多且豪华奢侈。）、沐猴而冠（指项羽像只戴着帽子的猕猴，徒有虚名。比喻虚有其表，没有真正的能力。）、白衣苍狗（指人世间变化无常。）、操刀伤锦（指能力太低，不能胜任任命。）、带金佩紫（指地位显赫。）、肥马轻裘（骑着肥壮的骏马，穿着轻暖的皮袍，指生活豪华。）、天衣无缝（天仙的衣服没有拼接的缝隙。比喻事物完美自然，细致周密，没有漏痕可寻。）、方领矩步（方领：直的衣领；矩步：行步合乎规矩。指古代儒者的服饰和容态。）、缝衣浅带（宽袖大带是古代儒者的服饰，借指儒者。）……。

三．汉语服饰成语与古代政治阶层

在历史的长期发展中，汉民族形成了完整的制度，这些制度包括宫廷及民间交往中的礼仪制度和习俗、官制、民间的一些风俗、迷信、禁忌，等等。衣着服饰也成为了等级社会的等级标志。而服饰成语则通过语言传达着这种信息。以下举例说明。

纨绔子弟——绔：一种保暖内衣，古代与衣、裳配穿以越冬。贫困之人穿不起，穷人穿的多为麻布。而纨是指丝绢，是一种精致洁白的平纹丝绢，是丝帛中的精品，把纨套在小腿上穿在里面，外面为奢华之衣。纨绔子弟后指有钱有势整天不务正业的富家子弟。如：

◆ 他不留恋纨绔子弟的生活，青年时代就怀有冲破家庭开创人生新路的革命理想。

◆ 这位大家闺秀，从小养尊处优，出落得如花似玉，在纨绔子弟和公子哥儿们的心目中自然是备受崇拜的“维纳斯”。

布衣蔬食——指通常穿布衣，吃粗粮。如：

◆他不注重享受，布衣蔬食，足矣，常以一包方便面代替正餐。此类成语还有“布衣之交,意思是贫寒老友,普通百姓相交”、“布衣之旧——老交情”、“布衣黔首是指秦代对平民的称谓，泛指一般老百姓”，但“布衣黔首”在现代汉语中鲜有人用了。

服装是古代政治和社会地位的一种象征，是统治阶级的统政之道。古代穷人主要服装样式多为紧身短衣。襦（ru）和袄多为平民日常穿的衣服，多用粗麻布制成，由于体窄袖小，所以通常称为“短褐”。如：

褐衣不完——形容生活困苦。

短褐不完——粗布短衣还破旧不完整，形容生活贫困，衣衫破烂。

褐衣蔬食——穿的是粗布短衣，吃的是粗茶淡饭。形容生活困苦。

这些成语都是通过下层百姓的穿着习惯反映出底层人民的社会地位和生

活。但这些成语在现代汉语中较少使用，而衣衫褴褛却使用至今。衣衫褴褛意思是“衣服破烂”，如：

◆一些衣衫褴褛的孩子分头冲向目标，有的给汽车擦玻璃，有的向车里人兜售口香糖。

四．汉语服饰成语与服饰审美

汉语服饰成语是服饰文化的语言体现。通过服饰成语我们可以了解到古代审美思想和审美文化。

冠作为类似于帽子的一种服饰，在古代服饰美学中往往是作为一种象征而存在。

冠冕堂皇——冠冕：古代帝王、官吏的帽子；堂皇：很有气派的样子。形容外表庄严或正大的样子。冠在古代是一种身份地位的象征。从该成语中可以看到古人对服饰审美的普遍认知。

美女簪花——形容书法或诗文隽秀多姿、清新秀丽。

女子在头上插鲜花为装饰，将“簪花”作为一种风俗广为流传，这是当时的审美价值观的一种体现，反映了当时人们普遍的服饰审美需求。

成语“三寸金莲”最能体现古代审美需求。据传元明代有规定只准有钱人家的女子缠足,后泛指缠足妇女所穿的小脚鞋子。到了清代,汉族女性的“三寸金莲”竟深得满族妇女的青睐。清政府曾多次禁止旗人缠足，但屡禁不止，许多旗女仍仿效不疲，缠足之风极其盛行。

当然，对于广大平民百姓来说，服饰的审美立足于“三顿饭不饿，三件衣不破”的淳朴的日常需求。服饰审美是以实用功能为主，衣着的实用性是审美的前提。勤俭节约是百姓实用而质朴的审美哲学。成语“节衣缩食、衣不重裘、布衣蔬食”是百姓审美的语言体现。

五．汉语服饰成语与古代着装礼仪

颠倒衣裳——古代称上衣为衣，下衣为裳。如果上衣、下裳颠倒穿则违背了服饰礼俗，在现代汉语中有很多类似成语都能看到历史的烙印，如：

◆时间突然改变，要求提前十分钟进场，使得大家颠倒衣裳，狼狈不堪。

不修边幅——边幅：布帛的毛边。在古代常形容衣着随便，甚至穿戴不整洁而且邋遢的蓬头垢面之人。但此成语在当代却很特别，经常在形容某些艺术家的时候，变成了褒义。是说这人注重钻研技艺，不修饰自己外貌反而有另一种风度和气质。如：

◆ 他的外表缺乏一般地下工作者常有的那种穷困潦倒、不修边幅的特征。

◆ 人们常说，不修边幅、马马虎虎的人不能成为未来的领导者。

成语“披麻戴孝”是指长辈去世，子孙身披麻布服，头上戴白，表示哀悼。这是古代丧服礼仪的最典型的体现，不过此成语沿用至今。

衣锦还乡——衣：穿（旧读 yì，穿衣）；锦：有彩色花纹的丝织品；还：回；乡：家乡。衣锦还乡古时指做官后，穿了锦绣的衣服，回到故乡向亲友夸耀。指富贵以后穿着华丽的衣服回到故乡。如：

◆数以百万的河南人离开了家乡，许多人背井离乡，住在狭小的居所或临时工棚里，为的是能赚到足够的钱衣锦还乡。

除此之外，现代汉语中还有很多使用频率较高的服饰成语。如：

量体裁衣——是指按照身材尺寸裁剪衣服。比喻按照实际情况办事。

◆始终坚持将申请人的利益放在第一位，根据申请人的实际情况量体裁衣，制订符合申请人自身情况的方案。

华冠丽服——冠：帽子。形容衣着华丽。

◆无论参加什么样的宴会，她都会华冠丽服，把众人的目光吸引到自己的身上。

锦衣玉食——锦衣：鲜艳华美的衣服；玉食：珍美的食品。精美的衣食。

形容豪华奢侈的生活。如：

◆一个人可能过着成功而富足的生活，但锦衣玉食并不一定就幸福。

西装革履——身穿西装，脚穿皮鞋。形容衣着入时。如：

◆他经常西装革履，在公共场合趾高气扬的训斥员工，使大家十分的不满。

服饰是对装饰人体的物品的总称。由于服饰与人类生活息息相关，因此服饰成语可供解读的角度是非常丰富的。服饰成语具有的隐含意义往往是通过比喻来实现的，而这与服饰本身的特点和成语的特点有着密切联系。服饰成语具有很高的语言学价值和文化价值。近年，很多学者从事此领域研究，他们多从语言学与中国传统文化的关系方面对服饰成语作了比较详细的论述。汉语服饰成语是服饰文化研究的基础，对服饰文化研究的整体建设有一定的理论意义，对服饰文化与汉语语料相结合的研究具有很强的现实指导意义。

附：与服饰相关汉语成语

一、与发饰相关的成语

1. 椎结左衽　　结发似椎，衣襟左开，古代少数民族的一种服饰。

2. 钿合金钗　　钿盒和金钗，相传为唐玄宗与杨贵妃定情之信物。泛指情人之间的信物。

3. 断钗重合　　钗：古代妇女别在发髻上的一种首饰，由两股簪子合成，常被作为爱情的信物。比喻夫妻离散而复聚或感情破裂后又重归于好。

4. 分钗断带　　钗：古代妇女首饰的一种，由两股合成；带：衣带。把两股钗分开，把一条带割断。旧时用以指夫妇离婚。也指夫妻离别或失散。

5. 风鬟雾鬓　　鬟：环形发髻；鬓：面颊两旁的头发。形容妇女头发好看。也形容妇女头发散乱蓬松。

6. 风栉雨沐　　栉：梳头发。以风梳发，以雨洗头。形容长期在外奔波，非常辛苦。

7. 纶巾羽扇　　拿着羽毛扇子，戴着青丝绶的头巾。形容名士的装束。也用以形容谋士镇定自若的潇洒风度。

8. 角巾私第　　角巾：古时隐士所戴的冠巾。指有功退隐而不自我标榜。

9. 巾帼豪杰　　巾帼：古代妇女的头巾和发饰，代指妇女。豪杰：指才能出众的人。女性中的杰出人物。

10. 巾帼须眉　　巾帼：古时女子的头巾和首饰，借指妇女；须眉：胡须，眉毛，借指男子汉、大丈夫。指性格豪放，作风泼辣，有男人气派的女豪杰。

11. 金铛大畹　　金铛：汉代大臣的冠饰，借指贵族大臣；大畹：皇亲国戚所居之地。指权宦。比喻有权有势的人。

12. 荆钗布裙　　用荆枝作钗，用粗布作裙。旧时形容妇女服饰俭朴。

13. 镜破钗分　　钗：妇女的一种首饰。旧时比喻夫妻离散或感情破裂。

14. 巾帼丈夫　　巾帼：古代妇女所配戴的头巾和发饰，后借指妇女。有大丈夫气概的女子。

15. 耳鬓厮磨　　鬓：鬓发，颊后耳旁的头发；厮：互相；磨：摩擦，碰触。两人的耳朵、鬓发相互碰触。形容从小生活在一起，非常亲密。

16. 狼吃幞头　　幞头：古时男子用的头巾。狼衔去人的幞头，吞不下，吐不出。喻进退两难。

17. 瓶沉簪折　　簪：用来别住头发的一种首饰，古代用以把帽子别在头发上。瓶子沉水底再难觅回，簪子断了无法再接上。比喻男女分离、恩情中断。

18. 施衿结褵　　衿：结上带子；褵：佩巾。结扎丝带和佩巾。古代女子出嫁，母亲为其结扎佩巾，并叮呼教训。引申父母对子女的教训。

19. 十二金钗　　本用以形容美女头上金钗之多。后喻指众多的妃嫔或姬妾。

20. 弃如弁髦　　弁：黑布冠；髦：童子的垂发。古代贵族子弟行加冠之礼，先用黑布冠把垂发束好，三次加冠之后即丢弃不用。比喻毫不可惜地抛弃无用之物。

21. 玉簪棒儿　　首饰名。为玉制的簪子。又名玉搔头。

22. 云鬟雾鬓　　形容妇女的发式美丽。

23. 晕眉约鬓　　指妇女晕淡眉目，绾约鬓发。

24. 簪蒿席草　　以篙作簪，以草为席。形容生活艰苦。

25. 簪星曳月　　形容佩带光彩耀眼。

26. 总角之好　　总角：古时小儿将发梳成髻，泛指童年时代。指小时候很要好的朋友。

27. 总角之交　　见“总角之好”。

二、与头冠相关的成语

1. 倒冠落佩　　冠：帽子；佩：佩带的饰物。比喻放弃宫职，归乡隐居。

2. 方领圆冠　　方形的衣领和圆形的帽冠，为古代儒生的服饰。借指儒生。

3. 凤冠霞帔　　凤冠：古代后妃所戴的帽子，帽子上有珍贵金属和宝石等做成凤凰形状的装饰。旧时妇女出嫁也用做礼貌。霞帔：古代贵族妇女礼服的一部分，类似披肩。用以形容贵族妇女穿的礼服，或指出嫁女子穿着华丽的服饰。

4. 服冕乘轩　　冕：古代天子、诸侯、卿、大夫所戴的礼帽；轩：古代贵族乘坐的有帷幕、前顶较高的车。穿着官服，乘着华贵的车，形容仕途得意，官运亨通。

5. 狗尾续貂　　续：连接；貂：一种毛皮珍贵的动物，此指貂的尾巴。古代皇帝侍从官员用貂尾做帽饰。貂尾不够，用狗尾代替。原为讽刺封爵太滥。后转用以比喻用不好的东西续在好东西的后面。也比喻文艺作品后来续写的不如原来的好。

6. 瓜田不纳履，李下不正冠　　履：鞋；冠：帽。经过瓜田不弯腰提鞋子，免窃瓜之嫌；走过李树下，不要举手整理帽子，免偷李之疑、比喻免遭无端的嫌疑。

7. 挂冠求去　　挂冠：把官帽挂起来。脱下官帽要求离去。比喻辞官归隐。

8. 冠盖相望　　冠、盖：古代官员、士绅的冠服和车盖。官吏戴的帽子或坐的车子互相看得见。形容官吏或使者往来不断。

9. 冠冕堂皇　　冠冕：古代帝王或官员们戴的帽子；堂皇：有气派的样子。形容表面上庄严气派，很体面的样子。今多含讽刺意味。

10. 冠袍带履　　帽子、袍子、带子、鞋子。泛指随身物品。

11. 华冠丽服　　华冠：华贵的帽子；丽：美丽，华丽。戴着华贵的帽子，穿着艳丽的服装。形容打扮高贵华丽。

12. 毁冠裂裳　　毁坏帽子，扯坏衣裳。比如彻底决裂。

13. 金貂换酒　　金貂：古代皇帝左右侍臣戴的帽子上以金铛和貂尾做成的装饰物。拿金铛和貂尾来换酒喝。后用以形容名人逸士狂放不羁，纵情豪饮，不把功名放在心上。

14. 戴笠故交　　笠：笠帽，用竹箬或棕皮等编成，以御雨和太阳，为一般平民所戴。指贫贱时所交的朋友。

15. 峨冠博带　　峨：高；冠：帽子；博：宽；带：衣带。高高的帽子、宽宽的衣带，形容古代士大夫的装束，后用以指身着礼服。

16. 裂冠毁冕　　冠、冕：为做官时所戴礼帽。比喻背离王室。也比喻不愿仕进。后比喻毁灭华夏文化，背离民族传统。

17. 美如冠玉　　冠：帽子。秀美得像帽子上缀的珠玉一样。形容男子貌美。

18. 南州冠冕　　冠冕：本指帽子，这里比喻首位、第一。后用“南州冠冕”称誉才识卓绝的人。

19. 被发缨冠　　被：通“披”；缨：帽上的带子，用以系在颈上，这里作动词用，即“系”的意思；一说指来不及系帽带。头发来不及挽束就戴上帽子，系好帽带。形容急于要去救人。

20. 王贡弹冠　　王贡：汉王吉与贡禹的合称，二人友好；冠：帽子。当贡禹听到王吉升官，弹帽一以相庆贺。泛指一人得官朋友相庆。

21. 无冕之王　　冕：古代帝王、诸侯所戴的礼帽。指没有权威的名义但影响、作用极大的人。

22. 象简乌纱　　简：朝笏，古代大臣朝见君主时所持记事板；象简：象牙做的朝笏；乌纱：黑纱制成的官帽。手执象牙笏，头戴乌纱帽。指旧时大官的装束。

23. 青袍乌帢　　青袍：青色的袍子；帢：便帽，乌帢：黑色的便帽。指儒生的着装。

24. 缨緌之徒　　缨緌：古代帽子下垂的结带。比喻高贵者。

25. 雨巾风帽　　挡雨的头巾和帽子。指漫游者常用之物。

26. 濯缨沧浪　　在沧浪的清水中洗涤帽缨。借喻超尘脱俗，操守高洁。

27. 濯缨弹冠　　濯缨：洗涤帽缨；弹冠：弹去帽子上的灰尘。比喻准备出仕。

28. 濯缨洗耳　　濯缨：洗涤帽缨；洗耳：指不愿与闻世事。后用“濯缨洗耳”比喻避世守志，操行高洁。

29. 濯缨濯足　　濯：洗；缨：古代帽子上系在颌下的带子。用清水洗帽带，用浊水洗脚。比喻好坏由人自定。也比喻避世隐居，欣然自乐。

三、与衣裤相关的成语

1. 穿红戴绿　　戴：穿戴。形容衣着华丽鲜艳。

2. 穿湿布衫　　穿湿衬衣。比喻不舒服、腻烦，可又摆脱不开。

3. 椎髻布衣　　椎形发髻，布制衣服。指妇女朴素的服饰。

4. 椎结左衽　　结发似椎，衣襟左开，古代少数民族的一种服饰。

5. 鹑衣鹄面　　破烂的衣服，瘦削的面型。形容穷苦落魄之状。

6. 鹑衣彀食　　指衣不蔽体，食不果腹。形容生活极端贫困。

7. 粗衣粝食　　粝：粗米。穿粗布衣服，吃粗劣的饭食。形容生活俭朴清苦。

8. 翠袖红裙　　指妇女服饰之美。代指妇女。

9. 倒裳索领　　裳：下衣，裙。倒转衣裳找领子。比喻做事不得要领。

10. 貂裘换酒　　貂裘：貂皮做的袍子。用貂皮袍换酒。形容富贵者放荡不羁。

11. 冬裘夏葛　　裘：毛皮的衣服；葛：葛麻做的衣服。冬天穿皮衣，夏天穿葛麻衣。比喻因时而制宜。

12. 短褐穿结　　短褐：粗布短衣；穿：破；结：打结。形容衣衫褴褛。

13. 短衣窄袖　　古代北方少数民族的服装。

14. 短衣匹马　　短衣：短装。古代为平民、士兵等的服装。穿着短衣、骑着骏马。形容士兵英姿矫健的样子。

15. 珥金拖紫　　旧时高官显贵，帽插貂尾，身穿紫袍以示显赫。此始于汉时侍中、中常侍的服饰，至南北朝时亦盛。

16. 短褐不完　　褐：兽毛或粗麻制成的短衣。连粗布短衣都不完备。比喻贫穷至极。

17. 反裘伤皮　　古人穿皮衣毛朝外，反穿则毛在里皮必受损。比喻愚昧不知本末。

18. 反裘负刍　　反裘：反穿皮袄（古人穿裘毛朝外，反穿则毛在里）；负刍：背柴。反穿皮袄背柴，是怕磨掉毛。形容贫穷劳苦。后也用于比喻不知本末主次，好的动机得不到好的效果。

19. 方领矩步　　方领：直的衣领；矩步：合乎规矩的步伐。比喻读书人的衣着和举止合乎规范，一丝不苟。

20. 缝衣浅带　　古儒者所穿的衣服，宽袖单衣大带。也指儒者。

21. 俯拾青紫　　青紫：卿大夫的服饰。指轻易得到官职。

22. 割须弃袍　　割掉胡须，丢掉外袍。形容战败落魄的样子。

23. 革带移孔　　革带：指束衣的带子。形容年老或体虚而渐渐消瘦。

24. 长袖长髻　　宽大的衣袖，高耸的发髻。形容风俗奢荡。

25. 褐衣疏食　　褐：粗毛布；褐衣：贫寒者的衣服。疏食：粗糙的饭食。穿粗布衣服，吃粗糙饭食。形容穷困的情景。

26. 横金拖玉　　达官贵人所穿的蟒袍玉带。

27. 红飞翠舞　　红、翠：指服装的色彩。穿红色服装的和穿翠绿色服装的在一起欢舞。形容妇女们穿着漂亮的衣服，尽兴嬉戏、欢腾热闹的情景。

28. 红男绿女　　红、绿：指色彩鲜艳的衣饰。指衣饰艳丽的男女。

29. 红得发紫　　红、紫：旧时官分九品，三品以上穿紫色，四品、五品穿红色，后来人们以红色为发达的标志，而到紫色便是位居皇帝之下的高官。比喻名声或权势极盛。现也指一个人非常走红。

30. 红装素裹　　红装：妇女的装束，这里比喻艳丽的太阳；素裹：白色的装束，指大雪覆盖的山河大地。形容雪后天晴。红日白雪互相映照的艳丽景色，也指衣着淡雅的妇女。

31. 鸿衣羽裳　　以羽毛为衣裳。指神仙的衣着。

32. 狐襟貉袖　　泛指皮毛衣服。

33. 狐裘羔袖　　裘：皮袄；羔：小羊，借指羔皮。狐皮袄用羊羔皮做袖子。比喻整体很好，只是略有不足。

34. 狐裘蒙戎　　蒙戎：蓬松的样子。狐皮袍子蓬蓬松松。比喻国政混乱。

35. 狐尾单衣　　古代一种后裾曳地的衣服。

36. 胡服骑射　　胡：指北方少数民族，善于骑射。其服适于骑射，故胡人强于汉人。战国时，赵武灵王采用其制，以增强国家的力量。

37. 花下晒裈　　裈：有裆裤子。在鲜花下晒裤子。比喻不文雅，煞风景。

38. 坏裳为裤　　裳：下衣，指老百姓的服装；裤：指军装。后用以代指从军。

39. 缓带轻裘　　宽松的衣带，轻暖的皮衣。形容风流潇洒。

40. 黄冠草服　　粗劣的衣着。借指平民百姓。有时也指草野高逸。

41. 黄袍加身　　黄袍：古代帝王的袍服。指受部属们的拥戴而当了皇帝。后用以比喻阴谋政变取得成功。

42. 掎裳连襼　　掎：拉住，拖住；襼：衣袖。牵裙连袖，形容人多。

43. 襟江带湖　　襟：衣襟；带：衣带。形容江河湖泊之间相互萦绕交错，如同衣襟和衣带一样。

44. 锦衣行昼　　穿着锦绣衣裳在白天行走，使人知道。形容富贵还乡，或在本乡做官。

45. 锦衣玉食　　锦衣：华美的衣服；玉食：珍馐美味的饭食。华美精致的衣食。形容奢侈、豪华的生活。

46. 金鱼公子　　金鱼：古三品以上所系的紫衣金鱼带。泛指贵族子弟。

47. 搢绅先生　　绅：古代仕宦者和儒者围于腰际的大带；搢绅：插笏于大带和革带之间，古时高级官员的装束，也用作官员的代称。旧指正在做官和做过官的大人先生们。也泛指儒雅之士。

48. 酒次青衣　　青衣：古卑贱者所穿的衣服。晋怀帝为前赵刘聪所俘，刘聪举行盛大宴会，令晋怀帝穿青衣为宾客斟酒。迫使高贵者穿青衣，依次敬酒。指有意侮辱人。

49. 绝裾而去　　裾：衣的大襟。扯断衣襟，愤然离去。形容态度坚决。

50. 缟纻之交　　缟纻：缟带和纻衣。指交情笃深。

51. 缟衣綦巾　　缟：白色；綦：苍艾色，即青色；巾：指佩巾或围裙。指朴素的衣着。

52. 躬擐甲胄　　擐：穿；甲胄：古时战士用的铠甲和头盔。亲自穿上铠甲和头盔。比喻长官亲身督战。

53. 接袂成帷　　袂：衣袖；帷：帷幕。衣襟可以连接成帷幕。形容城市繁华，人口众多。

54. 金印紫绶　　金印：最高层官吏的印章；绶：最高一级的系印章的丝带。古代高官，如丞相、太尉等的服饰以黄金为印，用紫色绶带系于腰。后用来表示最尊贵的地位和权力。

55. 金装玉裹　　金、玉：比喻贵重。形容名贵而艳丽的衣服或修饰打扮。

56. 里外发烧　　皮里皮面褂子的俗称。

57. 笠冠蓑袂　　头戴竹笠，身一穿蓑衣，渔家打扮。也泛指渔人。

58. 聊晒犊褌　　褌：裤子；犊褌：短裤。晋时习俗，七月七日晒衣，阮咸家贫，以竿挂大布犊褌于中庭。其与道北所晒之锦缎衣服相形见绌。后以“聊晒犊褌”形容贫寒。

59. 裂裳裹膝　　裳：下身的衣服。撕裂衣服包裹受伤的膝盖。形容行路的急切与艰辛。

60. 鹿裘不完　　粗衣布服。比喻生活朴素。

61. 绿袍槐简　　绿袍：低级官吏所穿的袍服；槐简：小官所执槐木手板。指地位比较低的小官吏。

62. 绿蓑青笠　　蓑：蓑衣；笠：斗笠。形容打鱼人的装束。

63. 罗裙包土　　罗裙：妇女的衣裙。相传有赵贞女，其翁姑死，夫出未归，无力营坟，乃以罗裙包土以葬。指孝妇孝亲。

64. 裸袖揎衣　　揎衣：卷袖。卷起衣袖，裸露臂膀。多表示有所动作。

65. 马牛襟裾　　襟：上衣的胸前部分；裾：即襟，也指上衣的背后部分。比喻人没有知识，不懂礼貌，或行为像禽兽。

66. 蟒袍玉带　　绣有蟒蛇的长袍，饰有玉石的腰带。指官服。也指传统戏曲中帝王将相的服装。也作“蟒衣玉带”，

67. 蒙袂辑屦　　袂：衣袖；蒙袂：用袖子蒙住脸；辑屦：拖着鞋子不让脱落。用衣袖蒙着脸，脚上拖着鞋子走着。形容非常困乏。

68. 抛戈卸甲　　戈：古兵器；甲：古军服。丢下武器，脱去军服。形容在战场上打了败仗。

四、与鞋袜相关的成语

1. 穿小鞋　　指受人刁难。现常用来指那些在背后使坏点子整人，或利用某种职权寻机置人于窘境的行为。

2. 倒屣相迎　　屣：鞋。古人家居常脱鞋席地而坐，因为急于迎客，竟把鞋穿倒了。后形容热情待客。

3. 葛屦履霜　　冬天穿着夏天的鞋子。比喻过分节俭吝啬。

4. 隔靴搔痒　　搔：抓，挠。在靴户外面抓痒。比喻说话、作文、办事不中肯，没有抓住解决问题的关键。

5. 见面鞋脚　　旧俗新嫁娘第一次拜见姑嫜及诸姑姊妹，须奉上自己刺绣的鞋面，作为见面礼，谓“见面鞋脚”。

6. 剑及屦及　　屦：古时用麻、葛等做成的鞋；及：赶上，追上。原指楚庄王欲发兵为申舟报仇，闻讯立即奔跑出去，给他拿鞋的人追到寝门的通道，给他拿剑的人追到寝门之外，驾车的人追到蒲胥之市才追上他。后用以形容行动坚决迅速。

7. 截趾适履　　脚大鞋小，切断脚趾去适应鞋子的大小。比喻勉强凑合或无原则的迁就。

8. 离蔬释屩　　屩：草鞋，或指木屐。指不吃蔬食，脱去草鞋。比喻不再过贫困生活，做官食禄。

9. 连齿木屐　　一种木拖鞋，鞋底钉齿相连。形容穿着朴实。

10. 履舄交错　　履：鞋；舄：古时的一种双层底鞋，鞋底上再加木底，以踏泥避湿，引申为一般的鞋。各种鞋子交错地摆着。形容不拘礼节，男女杂坐的情况。

11. 履穿踵决　　履：鞋；踵：后跟。鞋磨破，后跟开裂。形容非常穷困的样子。

12. 芒屩布衣　　屩：草鞋。指草鞋布服，平民所穿的衣服。

13. 芒鞋竹笠　　芒鞋：草鞋；竹笠：用竹子编成的斗笠。穿草鞋，戴斗笠是古人外出漫游的工具。指到处漫游。

14. 木头底儿　　清代旗人所装制的女鞋。木制高底，底高有五分、八分至三寸五分、四寸不等。高底作花盆形，低底作船形。

15. 纳履决踵　　纳：穿；履：鞋；踵：脚后跟；决：破裂。穿上鞋子，破了后跟。形容衣着褴褛。比喻穷困、窘迫。

16. 蹑屩檐簦　　屩：鞋；檐：器物上伸出的部状似屋檐，此指笠檐；簦：长柄雨笠。指长途跋涉。也指进行游说。

17. 如弃敝屣　　敝屣：破鞋。比喻丢掉不要的东西，如弃破鞋，毫无惋惜。

18. 三千珠履　　珠履：缀以明珠为饰的鞋。形容贵宾之多。

19. 视如敝屣　　敝屣：破鞋子。看做破鞋一样。比喻极为轻视。

20. 天冠地屦　　冠：帽子；屦：鞋子。形容相去极远，差别很大。

21. 甜鞋净袜　　形容鞋袜漂亮，一见心神愉快。

22. 屣履造门　　屣履：穿鞋子提不上鞋跟，只好趿拉着。拖着未穿好的鞋子去登门拜访别人。形容急于相见的匆忙情状。

23. 镶铜木鞋　　一种高跟木鞋，鞋底镶有铜片。

24. 遗簪弃舄　　指遗落在地的簪子鞋子。形容欢饮而不拘行迹。

25. 遗簪坠屦　　屦：鞋。丢失的发簪和鞋子，代指旧物。比喻旧情或旧故。借指睹物而起怀旧之情。

26. 以剑补履　　履：鞋。用剑补鞋。多用以指牛头不对马嘴。

26. 以冠补履　　冠：帽子；履：鞋子。用帽子补鞋。比喻以贵重物品配贱物。

第七章　与服饰相关汉语歇后语

自1920年以来，歇后语作为一种自然语言现象一直是学者们研究的焦点之一。他们从多角度对歇后语进行了细致的描述，取得了大量的成果，尤其是近十年来，国内对歇后语的各方面研究都有较深入的探讨，围绕歇后语的性质、名称、内容、翻译、语法结构、修辞等方面展开研究，取得了一些共识，即歇后语前后两部分是“引子——注释”的关系。对汉语服饰歇后语进行解读研究，利于丰富我国汉语语言研究。

歇后语是一种短小、风趣、形象的特殊语言形式，集中反映了中国劳动人民的智慧。歇后语属于熟语的范畴。研究者常常将歇后语分门别类进行研究，如：动物歇后语、人物歇后语、军事歇后语等。与服饰相关汉语歇后语（以下简称服饰歇后语）也是歇后语中的一种，如“白布做棉袄——反正都是理（里），裤子套着裙子穿——不伦不类”等。歇后语通常由两部分组成，前面通常称为“引子”，又称“源域”，是话语交际中的显性表述，主要是对服饰及与各种服饰相关的经验、行为、状态、特征等加以描述，给听话人提供生活中与服饰相关的背景知识，是说话人大脑中的不完备表述；后面部分称作“注释”，它是对该歇后语所进行的解释，是隐性表述，是说话人真正要表达的意向。

在古代文献《汉书》、《后汉书》中，服饰是作为衣服和装饰的意思出现的。《中国汉字文化大观》定义服饰词语为：戴在头上的叫头衣；穿在脚上的叫足衣；穿在身上的衣服则叫体衣。《现代汉语大辞典》中服饰解释为服装、鞋、帽、袜子、手套、围巾、领带等衣着和配饰物品总称。本章服饰概念主要指除了传统意义上的头衣、体衣、足衣等衣着外，还包括与之相关的衣着配饰、缝纫工艺、丝染织品等物品。下面分门别类的对服饰歇后语进行解释。

一．与裤子相关的歇后语

下列歇后语中的源域“裤子”除涉及了“裤”服饰文化中的遮体、保暖功能外，还涉及与裤子相关的生活经验、行为、状态、特征等。如：

◆ 脱了裤子打扇——卖弄风流

◆ 撕衣服补裤子——于事无补；因小失大

◆ 袜子改长裤——高升（比喻官位又得到了晋级）

◆ 卖裤子打酒喝——顾嘴不顾身

◆ 截了大褂补裤子——取长补短

◆ 紧着裤子数日月——日子难过

许多歇后语的阐述情境是虚拟或夸张的，但仍然与服饰、与服饰相关知识、惯例、生活经验、观察等有关。

二．与衣服相关的歇后语

生活当中我们经常使用诙谐、有趣的歇后语表达特定的意义。在这类歇后语中，与衣相关的歇后语比比皆是，如：

◆ 乞丐的衣服——破绽多

◆ 狗熊穿衣服——装人样

◆ 熨斗烫衣服——服服帖帖

◆ 棒槌缝衣服——当真（针）

◆ 借票子做衣服——浑身是债

◆ 染匠的衣服——不可能不受沾染

◆ 大路边上裁衣服——有的说短，有的说长；旁人说短长

衣服多为统称，可以包含外套、棉袄、衬衫等服饰。如：

◆我男朋友要训起人来，那绝对是海军的衬衫——道道多

与衣服相关歇后语都涉及衣服的主体、围绕衣服以及缝制衣服的一些生活行为、经验等元素。汉语中与不同服饰相关的歇后语有很多，如与棉袄相关的歇后语：

◆ 新棉袄打补丁——装穷

◆ 棉袄换皮袄——越变越好

◆ 白布做棉袄——反正都是理

此类歇后语在我们日常语言使用中比较多。如：

◆ “西单男孩”新棉袄打补丁——装穷，却驾着宝马离开，在街头征婚。

◆人总是棉袄换皮袄——越变越好。比如女人想越变越漂亮。但是变漂亮究竟是为了什么？这是人的一种本能，还是由于漂亮能够带来的诸如被爱的好处？

◆ 对于那个自私自利的人来说，他认为他的话都是白布做棉袄——反正都是理。

棉袄是老百姓冬天御寒的主要服饰，因此涉及棉袄的服饰行为、观察、感受等的歇后语比比皆是。如：

◆ 五黄六月穿棉袄——摆阔气

◆ 破棉袄套绸衫——装面子

◆ 为灭虱子烧棉袄——因小失大；小题大做；得不偿失；不值得

◆ 爷爷棉袄孙子穿——老一套

◆ 马褂改棉袄 ——老一套

◆ 六月天穿棉袄——不是好人

◆ 三伏天絮棉袄——闲时预备忙时用

三 . 与帽相关的歇后语

◆ 穿汗衫戴棉帽——不知春秋

上例歇后语为我们提供了一个鲜明而简洁的框架来理解对季节混淆不清的情景。“汗衫”最初称为“中衣”和“中单”，后来称作汗衫，据说是汉高祖和项羽激战，汗浸透了中单，才有“汗衫”名字的来历。现在的汗衫与古代的汗衫式样质地均不同，可仍称作汗衫是因为它们都有吸汗的功能，多为夏季穿着。根据服饰经验，夏季的服饰是无法与冬季的服饰一起搭配的。再结合语境，得出它的引申义“不知春秋”。 如 :

◆ 戴着帽子亲嘴——差得远

◆ 我们想用 5 年的时间赶上德国，可他们却能在 5 年之内拉开 20 年的差距，如此的实力悬殊，还真是戴着帽子亲嘴——差得远呢。

除此之外，与帽子相关的歇后语还有 :

◆ 拿着鞋子当帽子——上下不分

◆ 拿着草帽当锅盖——乱扣帽子

◆ 蛤蟆戴帽子——充矮胖子

◆ 戴特大帽子穿胶鞋——头重脚轻

◆ 铁人带钢帽——双保险

与帽子相关歇后语源域常常是除帽子以外的其他服饰物体、非人的帽子主体或者涉及帽子的一些行为、经验等元素，注释通常是帽子统称或者特种帽子，将二者结合起来，寻找相似特征，激活一系列与帽子相关的服饰行为、活动或经验，读者很容易达到了认知理解。与帽子相关歇后语在我们日常生活语言中很常见，如：

◆ 她考上了清华，她全家都是帽子抛空中——欣喜若狂。

◆ 我觉得你的计划就是没有边的草帽——顶好，你要有自信。

◆ 你的这篇文章有点帽子里搁砖头——头重脚轻，你回去好好修改一下。

◆ 他已经给了你台阶下，不要再六月里带棉帽——不识时务了。

◆ 两边都是我最好的朋友，这可真是三顶帽子四人带——难周全。

◆ 谁都别想破袜子补帽檐——一步登天，成功没有捷径。

◆ 你不要在这儿扫帚戴草帽——装人样，你做了什么自己清楚。

有时，人们会用拟人的方法赋予帽子等事物生命，以求形象的表达思想，同时达到诙谐、幽默的效果。如：靴子梦见帽子——想高攀

◆遇见这样一个靴子梦见帽子——想高攀的人，老王也只能叹口气，默不作声。

有的则将服饰与动物或其他非人的有生命物结合起来，利用拟人的方法，表达特定的含义。这一类歇后语在日常语言中使用较多。如：

蝎子戴礼帽——小毒人

◆ “啧啧啧，这么多年下来，我真没料想到，你竟然是这样一个蝎子戴礼帽的小毒人啊。”

猩猩戴礼帽——装文明人

◆穿着笔挺的西装随地吐痰，也只能说他是猩猩戴礼帽 —— 装文明人。

蚯蚓戴帽子——土里土气

◆你们这些人没进过城，没见过大世面，再富有也还是一副蚯蚓戴帽子——土里土气的样子。

老百姓根据日常生活中使用帽子的方式以及经验创造出不少服饰歇后语，如：

玉米棵上戴凉帽——凑人头

◆再没有往日熙熙攘攘的看客，他也只能找些朋友来捧场，实在是玉米

棵上戴凉帽 ——凑人头。

在一定的语言使用环境中，通常说出前半截，“歇”去后半截，就可以领会和猜想出它的本意，如：

西瓜皮做帽子——滑头滑脑；滑头

◆“嘿，你这小崽子，真是个西瓜皮做帽子的小滑头。”

袜子当帽子——臭出头了

◆他的丑行遭到了揭露，买的股票又全盘大跌，这样的时运也真乃袜子当帽子——臭出头了。

铁人带钢帽——双保险

◆ 我向他隐瞒真相，并让自己在一旁做个旁观者，这绝对是一个铁人带钢帽——双保险的举措。

四．与腰带相关的歇后语

腰带是随着衣服的发展而发展，它逐渐的从低级向高级发展而成为一种文化。人类之初是用动物的皮、树叶来遮羞取暖，这时需要一种细长绳状的东西——腰带把兽皮，树叶穿起来，固定在身上，以免滑落。腰带成为人们生活中不可缺少的服饰必备品。后来随着社会的发展，有了棉花之后，人们可以用棉花织布，从此，腰带逐渐形成一种非常实用的衣服附属品。过去生活贫穷，人们常常用一根草绳，一根葛条束在腰间做腰带或者用窄窄的一缕布条做腰带；后来随着生活的改善，就用一根稍宽的棉布带子做腰带，并根据日常生活中涉及腰带的行为、体验和观察等创造出很多与腰带相关的歇后语，广泛地应用到我们的日常生活中。当然，我们从中不难看到服饰在语言中的烙印。如：

◆ 腰带拿来围脖子——记（系）错了

◆ 裤腰带挂杆秤——自称自

◆ 稻草绳做裤腰带——尴尬

◆ 挑担的松腰带——没劲儿

这一类歇后语经常出现在我们日常语言使用中，以幽默、诙谐的方式阐明某种意义，使语言更活泼，简明易懂。如：

◆ 遇到稻草绳做裤腰带的人或事，以微笑和沉默来对待或许是最好的。

◆ 高中时我对大学充满了美好的幻想，给自己规划了不错的生活，充实自己的头脑，结果考了很一般的学校，做什么事的感觉都是挑担的松腰带——没劲儿。我要尽快改变这种心态。

显然，腰带见证了社会的发展，从与腰带相关服饰歇后语中我们可以领略到服饰文化与特定的民族风俗之间的密切关系。

五．与背心相关的歇后语

背心原指离心，即无领、无袖的衣服。与此相关的歇后语都与背心的特征有关，但日常语言中这类歇后语较少，如：

◆ 驼子穿背心——遮不了丑

◆ 烂袜子改背心——小人得志（之）

◆ 穿背心作揖——露两手

六．与裙子相关的歇后语

裙文化历史久远。从三四千年前青铜时代的毛织腰裙，到隋唐、宋代、民国以及当今现代感的裙装，包括少数民族光彩照人的各种裙饰，从遮体御寒为目的粗毛编织的裙，到装饰为目的的精丝刺绣的裙，都能使我们感受到上下五千年的裙文化，同时也看到了我国纺织服装技术的发展。在这个漫长的历史过程中，广大劳动人民创造出很多与裙相关的歇后语，如：

仙女的裙子——拖拖拉拉　如：

◆她办事绝对是仙女的裙子——拖拖拉拉，从来没有按时完成过。

下雪天穿裙子——美丽又动（冻）人　如下列对话：

◆ A:“今天这么冷，你却穿的这么薄。不过很漂亮啊！”

B:“我这不是下雪天穿裙子——美丽动人吗！”

此类歇后语常常涉及穿裙的条件、裙子制作的质料以及穿着方式。如：

◆ 数九寒天穿裙子——抖起来了

◆ 破麻袋做裙子——不是这块料

◆ 裤子套着裙子穿——不伦不类

七．谐音服饰歇后语

在服饰歇后语中，还有一类谐音服饰歇后语，如：

◆ 棒槌缝衣服——当针（真）

◆ 鸡戴帽子——冠（官）上加冠（官）（比喻官运亨通，连连晋级）

◆ 白布做棉袄——反正都是里（理）

◆ 背心藏臭虫——久痒（仰）

在歇后语“棒槌缝衣服——当真（针）”中，源域是“棒槌缝衣服”，目标域是“当真（针）”。“棒槌缝衣服”的意义是：用棒槌缝衣服，把棒槌当作针。它们的读音“dang zhen”是一样的，人们通过“棒槌缝衣服”这一生动而形象的语言表达的是“当针”而不是“当真”。同理，“鸡戴帽子——冠（官）上加冠（官）、白布做棉袄——反正都是里（理）、背心藏臭虫——久痒（仰）”中的“冠”“里”和“痒”分别与“鸡”、“棉袄”和“臭虫”相关联：“官”“理”和“仰”分别与“冠”“里”和“痒”的读音相同。通过谐音的方式完成了该类歇后语意义的生成。

当然，理解服饰歇后语离不开源域中所体现的服饰文化背景。结合服饰歇后语源域中所体现出来的服饰文化性，我们也可将服饰歇后语概括为：

（1）以服饰功能为源域的歇后语如：腰带拿来围脖子——记（系）错了；头穿袜子脚戴帽———切颠倒；夏天的袜子——可有可无。

（2）以服饰生活经验为源域的歇后语如：紧着裤子数日月——日子难过；撕衣服补裤子——于事无补；因小失大。

(3) 以服饰传统惯例为源域的歇后语如：爷爷棉袄孙子穿——老一套；白布做棉袄——反正都是理（里）。

（4）以服饰搭配为源域的歇后语如：有衣无帽——不成一套；背心穿在衬衫外 ——乱套了；裤子套着裙子穿——不伦不类；戴瓜皮帽穿西服——土洋结合。

（5）以服饰材料为源域的歇后语如：绣花被面补裤子——大材小用；破麻袋做裙子——不是这块料。

（6）以固定人物为源域的歇后语如：济公的装束——衣冠不整；玉帝爷的帽子——宝贝疙瘩。

……

理解该类歇后语需要借助引子，即源域中的服饰文化语境来判断歇后语的目标域，结合人们所了解的各种服饰的文化性，激活所熟悉的与服饰相关的知识、文化与经验知识，正确的理解服饰歇后语的意义。

服饰是与人类生活息息相关的事物，汉语与服饰相关歇后语是汉语物质文化的重要组成部分。除具备其他类歇后语普遍特征外，服饰歇后语具有自己独特的服饰文化特征。理解服饰歇后语需要注意“源域”中各种与衣、帽、裤等服饰相关的事态、行为、活动、经验等元素，激活一系列相关知识背景，最终达到认知理解。由于服饰歇后语研究需要大量的语料以及细致的分析，因此该领域的研究是一个完全有待于深入挖掘的课题。

附：与服饰相关的汉语歇后语

一、与衣相关的歇后语

乞丐的衣服——破绽多　　狗熊穿衣服——装人样

打架脱衣服——赤膊上阵　　猴子穿衣服——冒充善人

熨斗烫衣服——服服帖帖　　新衣服打补丁——不像样

棒槌缝衣服——当真（针）　　染缸里的衣服——变它本色

飞机上晒衣服——高高挂起　　老太太补衣服——东拼西凑

借票子做衣服——浑身是债　　畸形人做衣服——另搞一套

裁缝铺的衣服——一套一套的　　当衣服买酒喝——顾嘴不顾身

缝纫店里做衣服——量体裁衣　　卖了衣服买酒喝——顾嘴不顾身

染匠的衣服——不可能不受沾染　　拿着棒槌缝衣服——啥也当真（针）

脱衣服烤火——多此一举；弄颠倒了

撕衣服补裤子——于事无补；因小失大

电线杆上晒衣服——好大的架子　　拿着虎皮当衣裳——吓唬人

济公的装束——衣冠不整　　看衣裳行事——狗眼看人

大姑娘缝娃娃衣——总有用着的时候　　大衣柜没把手——抠门儿

半夜捅鸡窝——暗中捣蛋

裁缝做衣——讲究分寸　　裁缝做衣不用尺——自有分寸

穿蓑衣救人——迟早都要烧

穿冬衣戴夏帽——不知春秋（比喻不识时务）　　穿衣戴帽——各有一套

穿寒衣摇夏扇——不知冷热（比喻不知好歹）

穿着棉衣游泳——甩不开膀子

大路边上裁衣服——有的说短，有的说长；旁人说短长

裁缝做嫁衣——替旁人欢喜（比喻自己劳动，别人得到好处）

二、与手套相关的歇后语

六月里戴手套——保守（手）　猴子戴手套——毛手毛脚

三、与袜子有关的歇后语

袜子改长裤——高升　套袖改袜子——没底儿

穿袜子没底——装面子　夏天的袜子——可有可无

被单补袜子——大材小用　袜子当帽子——臭出头了

膝盖头套袜子——不对路数　头上穿袜子——弄出脚来了

头穿袜子脚戴帽——一切颠倒　脑壳上穿袜子——不是角（脚）

穿皮袜子戴皮手套——毛手毛脚　玻璃袜子玻璃鞋——名角（明脚）

烂袜子改背心——小人得志（之）　破袜子补帽沿——一步（布）登天

脑瓜上套袜子——能出角（脚）了　脚丫子上的袜子——走到哪跟到哪

往袜子上钉鞋掌——找错了地方；搞错了地方

穿袜子没底——装面子

四、与裤子相关的歇后语

绣花被面补裤子——大材小用　脱了裤子打扇——卖弄风流

脱了裤子打老虎——不要脸，又不要命

脱裤子放屁——多一道手续；多此一举

抬棺材的掉裤子——羞死人　稻草绳做裤腰带——尴尬

撕衣服补裤子——于事无补；因小失大

卖裤子打酒喝——顾嘴不顾身

裤子套着裙子穿——不伦不类　裤子里进蚂蚁——坐立不安

紧着裤子数日月——日子难过　截了大褂补裤子——取长补短

喝酒尿裤子——松包　吊颈鬼脱裤子——不要脸，又不要命

扯裤子补补丁——堵不完的窟窿

黄泥巴掉进裤裆里——不是事（屎）也是事（屎）

城隍庙里穿裤——羞死鬼　穿裤扎脚音——毫毛不丢一根

脑袋系在裤袋上——不要命，豁出来了　　穿长衫着短裤——不配套

裤裆放屁 ——串通一气（比喻狼狈为奸）

裤腰带系在脖子上——记（系）错了

棉裤没有腿——凉了半截　　卖了大褂买裤衩——短得见不了人

裤腰上挂死耗子——假充打猎人（比喻假充内行又不像）

日里游街走四方，夜里熬油补裤裆——不走正道（比喻游手好闲）

五、与衬衫相关的歇后语

海军的衬衫——道道多　　背心穿在衬衫外 ——乱套了

六、与棉袄相关的歇后语

爷爷棉袄孙子穿 —— 老一套　　新棉袄打补丁 ——装穷

为灭虱子烧棉袄——因小失大；小题大做　五黄六月穿棉袄——摆阔气

三伏天絮棉袄——闲时预备忙时用　　破棉袄套绸衫——装面子

破棉袄——里外孬，里外都不好　　棉袄换皮袄——越变越好

棉袄改被子——两头够不着　　马褂改棉袄——老一套

六月天穿棉袄——不是好人　　白布做棉袄——反正都是理（里）

恨虱子烧棉袄——得不偿失；不值得

七、与腰带相关的歇后语

腰带拿来围脖子——记（系）错了　王胖子的裤腰带——稀松平常（长）

挑担的松腰带——没劲儿　　裤腰带挂杆秤——自称自

稻草绳做裤腰带 ——尴尬

八、与背心相关的歇后语

驼子穿背心——遮不了丑　　烂袜子改背心 ——小人得志（之）

背心穿在衬衫外 ——乱套了　　穿背心戴棉帽——不相称

穿背心作揖——光想露两手　　背心藏臭虫——久仰（痒）

九、与裙子相关的歇后语

仙女的裙子——拖拖拉拉　　下雪天穿裙子——美丽又动（冻）人

数九寒天穿裙子——抖起来了　　三九天穿裙子——美丽冻（动）人

破麻袋做裙子——不是这块料　　裤子套着裙子穿——不伦不类

十、与鞋相关的歇后语

穿着高跟鞋上山——自己跟自己过不去

穿高跟鞋跑步——想快也快不了

赤脚的撵（nian 追赶）穿高跟鞋的——赶时髦

拿着鞋子当帽子——上下不分

脚上穿冰鞋——要溜　　进冰场穿冰鞋——马上就溜

花鞋踩在牛粪上——底子臭　　皇帝补皮鞋——难逢（缝）

大脚穿小鞋——钱（前）紧

戴特大帽子穿胶鞋——头重脚轻　　豆腐垫鞋底 ——一踏就烂

穿兔子鞋的—— 跑得快　　穿草鞋戴礼帽 ——不伦不类

穿拖鞋戴礼帽 ——不伦不类　　穿拖鞋跳芭蕾舞 ——洋不洋土不土

穿冰鞋上沙滩 ——你别想溜　　帽没儿做鞋垫儿——一贬到底

拉屎拉到鞋跟儿里——提不得（比喻没法说起）

垃圾堆里的破鞋——没人要的货

十一、与领带相关的歇后语

穿草鞋打领带——土洋结合

十二、与帽子相关的的歇后语

张公帽掇（duo 拿）在李公头上 ——张冠李戴

丈二的斗笠 ——高帽子　　窝窝头上蒸笼 ——盖了帽了

玉米棵上戴凉帽—— 凑人头　　玉帝爷的帽子 ——宝贝疙瘩

有衣无帽 ——不成一套　　阴天戴草帽—— 多此一举

野鸡戴皮帽 —— 冒充鹰　　阎王爷不戴帽子 —— 鬼头鬼脑

靴子梦见帽子——想高攀　　蝎子戴礼帽 ——小毒人

选帽子挑鞋子——评头论足　　猩猩戴礼帽 ——装文明人

鞋面布做帽子——高升到顶了；高升　　下雨不戴帽子——轮（淋）到头上

西瓜皮做帽子——滑到顶了；滑头滑脑；滑头

歪戴帽子斜穿袄——不成体统　　恶老雕戴皮帽——假充鹰

拿着鞋子当帽子——上下不分　　拿着草帽当锅盖——乱扣帽子

蛤蟆戴帽子——充矮胖子　　戴着帽子亲嘴——差得远

戴着雨帽进庙门——冒充大头鬼　　戴着斗笠亲嘴——差着一帽子

戴着帽子鞠躬——岂有此理（礼）　戴特大帽子穿胶鞋——头重脚轻

冬天不戴帽子——动动（冻冻）脑筋（比喻认真思考）

白眼狼戴草帽——变不了人

财神爷戴乌纱帽——钱也有，权也有　　袜子当帽子——臭出头了

草帽烂了边——顶好；没言（沿）　　草帽当锣打——响（想）不起来

长袍马褂瓜皮帽——老一套　　穿汗衫戴棉帽——不知春秋

脱下毡帽补烂鞋——顾了这头丢那头

秃子不要笑和尚——脱了帽子都一样

头穿袜子脚戴帽——颠倒　　铁人带钢帽——双保险

套马杆子戴礼帽——细高挑儿（身材细长的人）

蚯蚓戴帽子——土里土气

抬头只见帽沿，低头只见鞋尖——目光短浅

蒜头疙瘩戴冷帽——装大头鬼

说话捧着乌纱帽——封官许愿　　寿星戴风帽——老一套

屎壳郎戴礼帽——出洋相；洋相百出　　石臼做帽子——难顶难撑

上街买帽子——对头　　扫帚头上戴帽子——不算人；不是人

扫帚戴草帽——混充人；装人样　　三顶帽子四人戴——难周全

破袜子补帽沿——一步（布）登天　　破皮球缝帽子——不成器（盛气）

破草帽——无边无沿　　牛吃破草帽——一肚子坏圈圈

泥人戴纸帽——经不起风吹雨打　　脑壳上顶锅——乱扣帽子

拿着鞋子当帽子 —— 上下不分　　拿着草帽当锅盖 ——乱扣帽子

拿尿盆当帽子—— 走到哪臭到哪；走一路臭一路

帽子上面戴斗笠 —— 官（冠）上加官（冠）

帽子涂蜡 ——滑头；滑头滑脑

帽子抛空中 ——欢喜若狂　　没有边的草帽——顶好

帽子里搁砖头——头重脚轻　　帽子里藏知了——头名（鸣）

帽沿儿做鞋垫———贬到底　　卖帽子的喊卖鞋——头上一句，脚下一句

卖了鞋子买帽子——顾头不顾脚　　买帽子揣到怀里 ——不对头

蚂蚁头上戴斗笠 ——乱扣帽子　　螺丝帽上劲 ——尽绕圈子；弯弯绕

龙王爷的帽子——道道多　　六月里戴皮帽 —— 乱套

六月戴棉帽 ——不识时务　　老雕戴帽子——冒充鹰

烂脑瓜戴上新毡帽 ——冒充好人　　烂瓜皮当帽子——霉到顶了

烂边礼帽 ——顶好　　脚上戴帽子——乱了套

脚上穿袜，头上戴帽 ——老一套　　脚戴帽子头顶靴 —— 上下不分

鸡戴帽子 ——官（冠）上加官（冠）　　鸡穿大褂狗戴帽——衣冠禽兽

黄鼠狼顶草帽——装文明人　　草帽当锣打——响（想）不起来

滑了牙的螺丝帽 —— 团团转　　猢狲戴帽子 —— 学做人

狐狸戴礼帽 ——假正经；人面兽心　　草帽破了顶 —— 露头

草帽当钹（bo 打击乐器）——没有音　　半夜里摸帽子—— 为时过早；太早了

扳手紧螺帽 —— 丝丝入扣　　穿冬衣戴夏帽 ——不知春秋

穿草鞋戴礼帽 —— 不伦不类；不相称　　穿背心戴棉帽 —— 不相称

赤脚戴礼帽 —— 顾头不顾尾　　撑阳伞戴凉帽 —— 多此一举

长虫戴草帽——细高挑（身材细长的人）　　拆了鞋面做帽沿 ——顾头不顾脚

草帽子端水———场空　　戴礼帽的偷书——明白人办糊涂事

戴红缨帽上树——红到顶上　　戴瓜皮帽穿西服——土洋结合

穿拖鞋戴礼帽——不伦不类　　穿破衫戴礼帽——不成体统

穿凉鞋戴棉帽 ——顾头不顾脚；不知春秋

戴着孝帽去道喜——自讨没趣　　戴着乌纱帽不上朝——养尊处优

戴着帽子找帽子——糊涂到顶了

戴着帽子鞠躬——岂有此理（礼）　　狗皮帽子——没反正

戴着草帽打雨伞——多此一举　　戴孝帽看戏——乐而忘忧

戴特大帽子穿小鞋——头重脚轻　　风箱板做帽子——气上头了

肚痛埋怨帽子单—— 错怪；瞎怪

冬天不戴帽子 ——动（冻）脑筋　　冬瓜皮做帽子——滑头；滑头滑脑

鼎锅做帽子——难顶难撑　　掉了帽子喊鞋——头上一句，脚下一句

弹棉花的戴乌纱帽——有功（弓）之臣　　狐狸戴草帽——不算人；不是人

猴儿戴帽子——装人样；衣冠禽兽　　和尚戴礼帽——与众不同

海蜇头做帽子——装滑头　　过年借礼帽——不识时务

白眼狼戴草帽——假充善人（比喻心肠歹毒的坏人伪装成好人，进行欺骗）

第八章　与服饰相关委婉语

我国明代学者陆容在其《寂园杂记》中写道："民间俗讳，各处有之，而吴中为甚。如舟行讳翻，以著为快儿，蟠布为抹布，讳离散，以梨为园果，伞为竖笠，讳狼藉，以榔褪为兴哥，讳恼躁，以谢灶为欢喜。"这段话强调了委婉语的以下特点：委婉语在日常生活中普遍存在；委婉语来源于"俗讳"，它与人们的社会生活与社会心理密不可分。

和世界其他地区一样，英语委婉语在西方社会文化生活中的很多领域里也广泛地使用着。英语委婉语具有如下特点：避免难堪，或减轻对他人的不礼貌或伤害；调剂人际关系，促进言语交际正常进行的手段。当然两种语言的委婉语都有各自的民族性、时代性以及伦理观念、价值取向等特征，但是他们有一个共同的特点，即都是用一种令人愉快的，委婉有礼的，听起来顺耳的词语来取代令人不快的、粗鲁无礼的、听起来刺耳的词语。

一、与服饰相关英语委婉语

委婉语（euphemism）是人类社会普遍存在的一种语言现象。Euphemism一词源于希腊语的前缀 eu（好的，好听的）和词根 pheme（话语或好话），其意为“use of pleasant，mild or indirect words or phrases in place of more accurate or direct ones.（即用好听的话或令人愉快的方式表达）。委婉语的字面意义是 good speech（优雅的说法）。当人们谈到令人尴尬、厌恶的事情或出于忌讳或礼貌时，为了达到理想交际效果而采用的一种语言使用策略，一种迂回婉转的表达方式。委婉语同时又是一种文化现象。作为一种语言文化现象，与服饰相关委婉语在我们日常生活的方方面面也是随处可见，并且已经渗入我们的日常语言当中。如：

◆ She saw a gentleman in blue.

这里 gentleman in blue 婉指穿此服装的人，即“警察”。由于蓝色警服与警察之间有邻近关系，因此用服装来指代穿着之人。后者在认识事物的过程中，人们会注意到最突出的、最容易理解和记忆的特征。如：

◆ “Betty has set her cap at Jack for many years before she finally got him to pop the question.”

这里人们用“set cap for”即具体示爱动作，帮助交际双方建立一个语境，结合自身的社会生活实践、背景知识和社会文化传统等知识去理解这种相邻性关系，从而避免人们忌讳的、羞于启齿的话题，即“挑逗、追求”之意。这一认知机制使它在表达概念时突显源域，对目标域起到了遮掩、避讳作用。出于委婉的目的，人们借相近、相关的其他事物来表达某事物，可以使听者的注意重点分散转移，避免引起对方的尴尬和不快，从而实现并达到婉转、礼貌、含蓄或避讳的效果，这是委婉语的认知特征。下面详细介绍一下与服饰相关委婉语的认知规律。

委婉语不但跟语言有关系，而且跟风俗习惯和传统观念（文化）有关系。服饰委婉语的类型一般包含以下两种，即整体和其部分的婉指类型以及整体各部分之间的婉指类型。

1. 整体婉指部分

clothing，clothes，dress，garment 和 slumber robe 用来婉指“寿衣、裹尸布”，

即整体 clothing，clothes，dress 等（统指服饰）婉指部分“寿衣”（服饰类别中的一种）。转喻的这种认知方式能够帮助人们根据自身与服饰相关联的生活感知、体验去理解他们之间的相邻关系，其目的是为了弱化或隐藏不愿直接提及的事物名称。如：

◆ Three days later, the doctor's verdict was mom wouldn't live for another two hours. Everybody got her prepared… clothes, coffin. Neighbours came to say goodbye.（3 天后，医生说娘再有 2 个小时就要走了，家里人赶忙给她穿上寿衣、搭好灵床，邻居也赶来为她送行。）

交际双方用各种衣服之间的邻近关系进行联想，使双方的注意力从相对整体的服装概念转移到具体的、一定场合下特定的服装概念。间接地用整体指代部分的概念，可以避免引起对方的尴尬和不快，从而达到有效交际的目的。

2. 部分婉指整体

cloakroom/coatroom（衣帽间）代卫生间。衣帽间在住宅居所当中，供家庭成员存储、收放、更衣和梳妆的专用空间，更衣、梳妆是衣帽间功能的一部分，这里体现了委婉语中的以部分婉指整体的意义。具体事例如下：

（1）特定服饰婉指人

撒旦（Satan），主要是指《圣经》中的堕天使撒旦，因其骄傲自大、妄想与神同等并且反叛上帝耶和华而堕落成为魔鬼，被看作是与上帝的力量相对的邪恶、黑暗之源，通常代表黑暗与灾难。撒旦的形象通常是身披黑衣，因此有了英语委婉语“gentleman in black”或“black gentleman”，该委婉语的本义是指黑衣绅士，委婉意为“撒旦，恶魔”。如：

◆ For she is as impatient as the black gentleman when any thing is to be done; most likely they will be there tomorrow or Saturday. 因为她要是有什么事要办的话，就像魔鬼一样性急，他们说不定明天或星期六就到。

Gumshoe 原指橡胶底帆布鞋，穿上此鞋不会发出声音，适合侦探、刑警调查案件，由此意婉指“侦探”。如：

◆ There's a big difference between great white sharks and serial killers and it comes down to that old gumshoe standard: motive. 大白鲨和连环杀人案凶手之间有着巨大的差异，但是归根到底这又是那种刑警所有的陈旧老套的说法：动机。

此类委婉语还有：

◆ tight skirt（本义）紧束的裙子；委婉义为：女酒鬼

◆ gentleman in blue（本义）蓝衣绅士；委婉义为：警察

◆ gentleman in red（本义）红衣绅士；委婉义为：（早期的）英国士兵

◆ gumshoe（本义）橡胶鞋；委婉义为：密探，便衣警察

◆ snowshoe（本义）雪鞋；委婉义为：便衣警察，侦探

◆ vicuna coat（本义）骆马绒上衣；委婉义为：滥用影响的人

◆ first skirt（本义）第一条裙子；委婉义为：女指挥员，陆军娘子军的最高军官

（2）服饰行为特征婉指事物

在西方以前的结婚典礼上要给新郎领带打结，表示新郎、新娘的生活从此结合在一起。所以会用 tie the knot 来委婉表示结婚。tie the knot to（本义）给领带打结，委婉义为：结婚。如：

◆ I can't believe Jim is going to tie the knot! He seems too young to get married. 无法相信吉姆要结婚了，似乎早了点。

“die in a necktie to” 其本义是指颈系领带而死，与“绞死”方式相似，构成委婉义为：被绞死。由于绞死方式过于恐怖，人们会千方百计避免说出这个令人感觉不舒服的词语，因此借用其他类似的服饰行为婉指这个概念。同类委婉语还有：

to wear the apron high（本义）围裙高系　　委婉义为：怀孕

（3）服饰行为特征婉指事物状态

“out of pocket” 原指钱花光了，在此用委婉语 out of pocket 代替处在 poor

或 bankrupt 状态，以此来表达这类羞于启齿之词。如：

◆ He was both out of pocket and out of spirits by that catastrophe, failed in his health and prophesied the speedy ruin of the empire. 经过这次灾难，他手头拮据，总是无精打采，身体也不好，时常预言大英帝国不久便会垮台。

此类委婉语还有：

◆ to bed in one's boots（本义）穿着靴子入睡　委婉义为：醉倒，酩酊大醉

◆ wear yellow stockings to（本义）身着长筒黄袜　委婉义为：妒忌

◆ in（wearing）one's birthday suit（gear，attire，clothes）（本义）身着生日服装　委婉义为：光溜溜地，一丝不挂地

◆ get hot under the collar to（本义）领下发热，脸红脖子粗　委婉义为：发火，生气

在服装店，人们用 low-income dresses for dignified matron（德高望重的妇女穿低收入的服装）代替 cheap clothes for old women （老妇女穿的便宜服装）。

在法国，妇女们总是喜欢戴着帽子看戏。剧院老板为了改变这种恼人的现象，心生一计，即在演出之前在银幕上播出一则告示：The management wishes to spare elderly ladies inconvenience. They are permitted to retain their hats! 抓住了妇女们喜欢表现年轻的心理。利用委婉语的修辞手法顺利地达到了要她们在剧场内脱去帽子的目的。

当然,委婉语是具有时代性的。几百年前的上流交际社会认为一提到“裤子”，就会让人想入非非，以至于联想到不好的或者不道德的行为。所以，英语里的“裤子”不能直接使用 trousers,而是用 indescribles(不能够描写的东西）来代替“裤子”，unspeakables（不能说出来的东西），sit-upon's（供垫着坐的东西）或者用 Something that must not be mentioned（决不可以提及的东西）来作委婉语词。有时就说成是 unspeakables(别说出来的东西)或 sit upon's(供你垫着坐的东西)。现今的英语中已经不再使用该委婉语了。由此可见，委婉

语不是一成不变的，而是随着社会发展变化而变化的。

二、与服饰相关汉语委婉语

汉语委婉语作为一种民俗现象，它的产生受到政治经济、社会结构、社会生活方式、民族心理特征及价值观体系等一系列超语言的人文因素的影响。与服饰相关的汉语委婉语同样受民族服饰文化、服饰社会心理特征、服饰审美价值观等的影响。

大盖帽（本义）公、检、法工作人员的工作帽，其委婉义为：公、检、法工作人员。在我们日常生活中这个委婉语使用很普遍。如：

◆ 农民自嘲道："几十顶大盖帽管着一顶破草帽。"

◆ 工商管理人员神出鬼没，小摊贩们一见"大盖帽"就落荒而逃。

更衣（本义）换衣服。委婉义为：(古）上厕所,后来有了"更衣室"之说。

便衣（本义）简易的衣服；亦指穿着简便的衣服。委婉义为：为便于执行任务而身着便服的军人、警察或特工人员。

有的委婉语是为了赞扬、褒奖以求文雅以及对对方的尊敬。如：

白衣天使本义，白衣的天使。委婉义为：穿白大褂救死扶伤的护士。

汉语委婉语作为一种文化现象，大多反映死亡殡葬、疾病伤残、分泌排泄、性爱生育、身体器官、生理变化、钱财经济等内容。"忌讳"和"求雅"是其产生的民族心理基础。如：

囊中羞涩婉指"没钱"。

当然，当今社会生活节奏加快，语言要求更加直接坦率、简单明了，所以日常生活中许多转弯抹角的委婉语词相对变少，而在人们日常生活语言使用中忌讳的、神秘的色彩在现代社会中越来越少了，委婉语的应用范围相应日益缩小了，因此与服饰相关汉语委婉语则更是不例外。

附：与服饰相关英语委婉语

to set one's cap for（本义）指向某人；委婉义为：试图赢得（某男子）的爱

to wear the apron high（本义）围裙系高　委婉义为：怀孕

to give the sack to his employee（本义）将布袋给雇佣者　委婉义为：解雇

shoe rebuilder（本义）补鞋匠　委婉义为：重整鞋者

Can I add some powder？（本义）我可以搽点粉吗？　委婉义为：如厕

powder one's nose（本义）搽点粉　委婉义为：如厕

knitting（本义）绒衣　委婉义为：怀孕

cloakroom（本义）存衣室　委婉义为：如厕

clothing refresher（本义）洗衣女工　委婉义为：清理衣服者

gentleman in black（本义）黑衣绅士　委婉义为：撒旦，恶魔

gentleman in blue（本义）蓝衣绅士　委婉义为：警察

gentleman in red（本义）红衣绅士　委婉义为：（早期的）英国士兵

in（wearing）one's birthday suit（gear，attire，clothes）（本义）身着生日服装 委婉义为：光溜溜地，一丝不挂地

half-sizes（本义）半号，半大号　委婉义为：特大号，肥大型

to boot（本义）用皮靴盛着　委婉义为：呕吐

hat and cap（本义）有沿帽和无沿帽　委婉义为：淋病（与 clap 押韵）

rug（本义）毛毯；委婉义为：假发（戏剧界常用）

a slumber robe（本义）睡袍　委婉义为：尸衣

clothing（本义）衣服　委婉义为：裹尸布，寿衣

die in one's shoes（boots）（本义）穿着鞋（靴）死去　委婉义为：横死，死在工作岗位上

wear yellow stockings（本义）身着长筒黄袜　委婉义为：妒忌（妒忌会引起黄胆汁过多，使皮肤和眼睛发黄）

homespun（本义）家纺土布，自产品　委婉义为：家酿酒

nightcap（本义）睡帽　委婉义为：酒、睡前酒

in bed with one's boots on 或 go to to bed in one's boots（本义）穿着靴子入睡　委婉义为：醉倒，酩酊大醉

tight skirt（本义）紧束的裙子　委婉义为：女酒鬼

long sleever（本义）长袖杯　委婉义为：细长酒杯

get hot under the collar to（本义）领下发热，脸红脖子粗　委婉义为：发火，生气

embroider the truth to（本义）给事实绣花，替真相刺绣　委婉义为：添油加醋描述，高级撒谎（即以事实为根据，添枝加叶，以真代假）

flannel（本义）法兰绒　委婉义为：假话，谎话，胡说，吹牛

wolf in sheep's clothing（本义）披着羊皮的狼　委婉义为：两面派，伪君子，貌善心毒的人

tie the knot（本义）打结　委婉义为：结婚

skirt man（本义）裙衩商　委婉义为；淫媒

wearing the bustle wrong（本义）裙撑系错位置　委婉义为：怀孕

bag to（本义）装入口袋，装袋　委婉义为：偷窃

swag（本义）背包　委婉义为：赃物，赃款

die in a necktie（本义）身系领带而死　委婉义为：被绞死

be wigged out（本义）甩脱假发　委婉义为：极度兴奋，欣喜若狂

gumshoe（本义）橡胶鞋　委婉义为：密探，便衣警察

snowshoe（本义）雪鞋　委婉义为：便衣警察，侦探

vicuna coat（本义）骆马绒上衣　委婉义为：滥用影响的人（艾森豪威尔的顾问舒尔曼·亚当姆斯受贿接受一件骆马绒大衣，滥用其影响为人谋取私利，后失败辞职）

first skirt（本义）第一条裙子　委婉义为：女指挥员

wooden suit（本义）木制衣服、木衣　委婉义为：棺材

第九章　与服饰相关颜色词

颜色是人类对自然界的认识不断深化的体现和审美感受。随着社会的发展，颜色不再停留在外在的审美层面，而反映出与社会政治、文化、服饰等相关的文化内涵。

颜色词是语言中用来描述事物颜色的词，是表示各种不同颜色或色彩的词语。颜色词是一类特殊的词群，是词汇的重要组成部分，它与人类的生产、生活密切相关。颜色词源远流长，承载着丰富的文化内涵，具有独特的语言文化魅力。

一、中国古代各种颜色的文化内涵

中国古代西周至春秋时期，人们已经产生了用服装颜色区分尊卑的观念。自此，确立了服装颜色的严格等级序列，以服饰的颜色来区分社会成员身份贵贱、官位高低在我国历史上影响深远。据《旧唐书·高宗纪》记载，九品之官服色互相不同，所有社会成员的等级身份、大小官员的品秩序列都非常清楚，从此正式形成由黄、紫、朱、绿、青、黑、白七色构成的颜色序列，成为封建社会结构的等级标志。

颜色观念一直渗透于历代政治统治之中。具体体现在以下两个方面：一方面，由于五行学说的影响，五色成为天意或天德的象征，因此也成为国祚（zuò 赐福）或国运的象征；另一方面，从维持封建等级制度的需要出发，把颜色作为区分社会等级的标记，从而使颜色逐步具有尊卑高下的文化特征。

关于中国古代服饰颜色，主要集中在服色与五行思想的关系和服色等级制度等方面。五行，指的是金、木、水、火、土五种的运动。五行学说的基本含义是指世界上的一切事物，都是由金、木、水、火、土五种基本条件之间的运动变化而生成的。同时，还以五行之间的生、克关系来阐释事物之间的相互联系，认为任何事物都不是孤立的、静止的，而是在不断地相生、相克的运动之中维持平衡。这是古代汉族人民朴素的辩证唯物的哲学思想。哲学思维对色彩文化产生了很大的影响。如：

木的特性：日出东方，与木相似。

火的特性：南方炎热，与火相似。

土的特性：中原肥沃，与土相似。

金的特性；日落於西，与金相似。

水的特性：北方寒冷，与水相似。

五行就其所表征可做如下介绍：

木：青、碧、绿色系列。

火：红、紫色系列。

土：黄、土黄色系列。

金：白、乳白色系列。

水：黑、蓝色系列。

五行与白、青、黑、赤、黄对应起来以表示西东北南中五方，这一点是世界上独一无二的。古人将颜色与季节对应起来：春—青、夏—赤、秋—白、冬—黑，从这一点可以看出中国古代的色彩审美与时空贯穿在了一起。五行间还具有相生相克的关系：

相生——木生火、火生土、土生金、金生水、水生木。

相克——木克土、土克水、水克火、火克金、金克木。

北京紫禁城里红色的的城墙和黄色的琉璃瓦以及故宫众多殿宇的黄色金顶，就体现了五行中火（红色）生土（黄色）相生的原理。

在中国古代各种色彩中，黄色地位是至尊无上的。先秦时“黄衣”是指祭祀祖先等这种隆重庄严时刻所穿的礼服。从汉代时帝王便开始穿黄袍，到了隋唐，皇帝与贵族大臣的专用服色便是黄色，平民百姓不准穿黄色服饰。在古代“黄袍加身”即预示着取得政权。皇帝的车子称“黄屋”，文告称“黄榜”，黄色几乎成为“帝王之色”。

屋顶的色彩在古代极为重要，黄色（尤其是明黄）琉璃瓦屋顶最尊贵，是帝王和帝王特准的建筑。宫殿内的建筑，除极个别特殊要求一律用黄琉璃瓦。宫殿以下，坛庙、王府、寺观按等级用黄绿混合（剪边）、绿色、绿灰混合；民居等级最低，只能用灰色陶瓦。

绿色在古代指青黄色，是间色，“不正”之色。因此绿有低微、下贱之意。唐仕制中，官六七品服绿。元明清时代，乐人、伶人、乐工甚至娼妓必须常穿绿、青色衣服，戴绿头巾，以此显示他们是从事“低贱行业”的人。清兵入关后规定汉族兵举绿旗，称绿营兵或绿旗兵，目的是区别于满蒙族由黄、白、蓝、红等颜色组成的八旗子弟兵。

红在唐仕制中官三品以上服紫，五品以上服朱，这便使红色有了高贵、吉利的含义。红色是喜庆的颜色，是结婚庆典的主色。此外，民间过年、开业等也都以红色为主色调，因为红色让人联想到的往往是事业的兴旺、发达、顺利、成功等。

在中国古代，紫色是尊贵之色，这是因为我国古代紫色是一种比较难提炼的颜色，所以就变得尊贵起来。春秋战国时，紫色衣服曾为齐国的君服。唐代朝廷命官三品以上服紫服。

白色在古代常与死亡、衰老、落魄、失意相关联。白色是五色中的卑色，是不吉之色，它时常与低贱、凶丧、反动、愚蠢等意义联系在一起。从汉朝到唐朝，白色一直都属百姓的着装之色，因此，古代的“白衣”常指贱民，“白丁”则指无功名之人。自古以来亲人死亡，家属都着白服。

在中国古代的夏、秦时期是崇尚黑色的。黑色和白色都属五色中的卑色。夜晚的颜色是黑色，黑夜往往隐藏着许多危险，人们害怕黑夜，因而黑色便有黑暗、死亡、恐怖、邪恶等意思。

二、与服饰相关汉语颜色词

随着社会发展，汉语颜色词语义得到延伸，其含义以及用法相当丰富，其目的是表达各种抽象概念。依据美国人类学家柏林和语言学家凯在《表示颜色的基本词汇》关于颜色词的经典理论，现代汉语基本颜色词为白、黑、红、黄、绿、蓝、紫、灰 8 个颜色词，他们是语言中用来描写事物各种色彩的词，在人类各民族的语言中，颜色词源远流长；颜色词是非常活跃的词，具有独特的语言魅力，是语言词汇的重要组成部分。颜色词具有丰富的文化内涵，汉语颜色词也不例外，它蕴含着丰富的汉民族文化底蕴。

1. 汉语颜色文化内涵

（1）各种颜色的文化内涵

◆白色

古代，大至国君，小至家中长辈去世都要穿白色的孝衣，举白幡（fān）。在汉文化中，白色属丧色，丧礼中穿白色属于中国的习俗。白色有死亡、不祥之意。如“红白喜事”中的“白事”指的是丧事，“白色消费”指用于殡葬的消费。

白色代表着白天，因此象征着光明、正义、正当、合法。“黑白颠倒”中的白指的是正义、善。“白道”指的是正当的渠道，与“黑道”相对。“白色收入”、

“白市”中的白都代表“正当、正义”。

白色是纯净之色,因此象征着纯洁、清白。如人们经常说“白衣天使”、“白衣仙子”等。现代婚礼上,新娘常常着白色的婚纱。在我国传统的戏剧表演中,白色的脸谱常常指奸诈之人,所以白色又象征着奸诈、狡猾。如“白脸”或“小白脸”象征着阴险、奸诈，相关词语还有有“唱白脸”等。

在现代汉语中,白色也带有政治色彩,象征着反动、反革命。如:“白区”、“白军”、“白色恐怖”、“白匪”等。

白色的特点是没有色相，它缺少红、黄、蓝等的色彩，因此在汉语中又有“空白、没有什么东西、失败、没有效果”的含义。比如“白手起家”是指没有任何做某事的条件;“白干了”指没效果。相关的含义还有“白开水”、“一穷二白”、“白买了”等。“白”还指没有付出任何代价、免费的含义。如“白看”、“白玩”、“白捡便宜”等。

◆黑色

“黑”是黑夜之色，象征黑暗，有“不合法、不光彩等“含义。相关的词语有“黑社会”、“黑五类”、“黑户口”、“黑市”、“黑钱”、“黑人”(指没有户口的人)、“黑道”、“黑车”等。与“白”之善相对立,“黑”表示恶,如“黑白不分”、“黑心肠”、“黑手”、“黑手党”等等。黑也有哀悼之意，如穿黑衣、戴黑纱。而在现代黑色代表高贵、神秘，如出席各种正式场合所穿的的黑色晚礼服。时尚界通常称黑色为“永远不会出错的颜色”。由于黑色类似于铁色,因此，汉语通常也会借黑色象征刚正、无私之意，就像戏曲脸谱中，黑色代表铁面无私的品质。

◆红色

“红”是太阳、火的颜色,代表着光明。对于汉民族,红色象征着喜庆、吉祥。红色已成为中国的代表色。在春节、婚礼时,人们都用红色来装饰,如红对联、红福字、放红色的鞭炮，婚礼时贴红喜字、新娘红色的婚服、红盖头。如“红白喜事”中的“红喜事”就指结婚。相关的词语还有“红娘”、“红线”。在古代,红色的胭脂是女子主要化妆品，由此用红色指代漂亮，产生了一系列用“红”来描绘女子（多数是美女）的词，如“红颜”、“红妆”、“红袖”等。

红色也象征着顺利、成功、兴旺、发达等。与之相关的词语有“红人”、“走红”、“开门红”、“红运”、“红利”等。此外，红色还有羡慕、嫉妒之意。如：“红眼”、“眼红”、“红眼病”等。在现代汉语中，红色还有避邪的作用，如在本命年，人们常常穿红色的内衣、系红色腰带，寓意是本命年一切顺意。

红色的内涵也赋予了政治色彩。如“红军”、“红区”、“红卫兵”、“红色政权”等。红色代表忠诚。如“苗正根红”、“又红又专”、“红心”等。重要的文件一般在开头用红色来标注，如“红头文件”之说。在中国古代戏曲中，红色脸谱一般指忠诚、正直的人。当然，受外来文化的影响，红色也有低级、下流和尘世的意思。如“红灯区”、“看破红尘”等。

◆黄色

黄色表示尊贵、神圣，在中国古代象征王权。自唐代以来，黄色就是帝王的专属颜色，皇帝穿的衣服叫“黄袍”，如“黄袍加身”，表示做了皇帝。“皇宫”指皇帝住的宫殿，相关的词语还有“黄榜”、“黄马褂”等。封建时期，黄色是极其尊贵的色彩。在中国服饰中，黄色是符号特征体现最为明显的颜色。在现代汉语中，黄色文化内涵丰富。黄色代表年幼，如“黄毛丫头”、“黄口小儿”等。黄色也代表衰老。如“人老珠黄”、“黄脸婆”等。在现代汉语中，由于受外来文化的影响，黄色常指低级、下流、色情之意。如“黄色书籍”、“黄色报刊”、“黄色电影”、“扫黄”等。此外，相关词语还有“黄页”，指的是电话号码薄，显然是来自外来文化的影响。

◆绿色

绿色常让人联想到茂盛的青草和树木，因此象征生命、青春、朝气、安全。世界语用绿色来做标志，指其生命力无限；绿色作为安全通行的标志，有安全、便捷之义。如“开绿灯”、“绿色通道”等相关词语。

绿色还有健康、环保、安全这几个相互联系的含义。在现代汉语中，绿色是指不污染环境，有益于健康之意。如“绿色冰箱”、“绿色电视”、“绿色空调”、“绿色建材”、“绿色家具”、“绿色奥运”、“绿色设计”、“绿色软件”等；

绿色也有未受环境污染、纯天然的意思，如“绿色食物”、“绿色保健品”等。

◆蓝色

蓝色指的是一种名叫蓼蓝的植物演变而来，是用于制取青蓝色的染草。它的叶子可用来制作蓝色的染料。蓝色沉着稳重，符合中华民族对含蓄、素雅、质朴色彩的偏爱。蓝色在唐代之前多用“青色”代替。

在现代，蓝色代表纯净的天空，广袤的大海，常常激发人们对美好事物的向往。如“蓝图”指计划。蓝色有时也代表浪漫，比如表达爱意礼物的玫瑰品种“蓝色妖姬”。

◆紫色

紫色在日常生活中常被称为雪青色或藕荷色。在中国长达几千年的历史中，紫色一直具有神秘和尊贵的含义。在道家看来，紫为天空之色，具有神圣之意，属帝王之色。如紫禁宫、紫禁城。古人认为紫气是宝物所发出的紫光。如紫气东来表示祥瑞、美好和吉祥如意。

在现代社会，紫色常给人以艳丽、典雅、高贵之感。参加较为隆重的仪式，穿着正装时，对紫色的选择常给人以沉稳 沉重之感，寓意着尊重和尊贵。因此，紫色具有梦幻色彩的颜色。

◆灰色

灰色介于白色和黑色之间，所以灰色表示暧昧，介于好与坏、正义与非正义之间，如“灰色收入”、“灰色地带”、“灰色经济”、“灰色消费”等。

灰色是沉闷、没有生气的颜色，使人想到阴沉沉的天和灰蒙蒙的地，因此给人一种沉重、压抑的感觉，所以灰色又表示颓废、消沉。如“心灰意冷”、“灰头土脸”、“灰色作品”、“灰色电影”等。随着材料科技的进步，大多数的前沿科技产品的颜色都采用灰色，给人以质感，突显优雅，所以灰色渐渐有了优雅、进步的含义。

（2）颜色词成语

如第六章所述，成语是人类历史的产物，它承载众多历史文化内容。而各个时代的颜色词沉积在成语中，保留了当时的词汇特点和文化内涵。颜色词成语在我们日常生活语言中随处可见。通过颜色成语，我们穿越历史的长河，梳理并寻找颜色词的演变轨迹，有利于我们理解服饰色彩的文化含义。

黑色常指“颜色、黑暗、是非与恶、坏人坏事、黑势力”等。黑色颜色词成语有：

白黑分明：比喻是非界限很清楚。也形容字迹、画面清楚。如：

◆ 起初写的英雄人物，写的黑白分明、很简单的，鲁迅也分析这个，中国的小说以前都是坏人就是坏人，好人就是好人。

黑白不分：不能分辨黑色和白色。比喻不辨是非，不分好坏。如：

◆ 这个专项斗争，把整治的目标指向那些为老百姓所痛恨的黑白不分的腐败官员，部署严、力度大、持续时间长。

此类词语还有：

白纸黑字　颠倒黑白　粉白黛黑　近朱者赤，近墨者黑　一团漆黑　黑灯瞎火　黑漆皮灯　黑天白日　黑天摸地　昏天黑地　混淆黑白　论黄数黑　面目黧黑　判若黑白　漆黑一团　起早摸黑　青林黑塞　数黑论黄　说白道黑　说黄道黑　天昏地黑　乌天黑地　以白为黑　月黑风高　知白守黑　黄狸黑狸　得鼠者熊　黑云压城城欲摧　天下乌鸦一般黑

白色常指“明亮清楚、丧事、平民、徒劳、光明正义、好事情”等意义。白色颜色词成语有：

不清不白：不明白，不清楚。有时也形容关系暧昧。如：

◆现在确有不少村财务管理比较混乱，有的账目不清不白，农民有意见。

襟怀坦白——襟怀：胸怀；坦白：正直无私。形容心地纯洁，光明正大。如：

◆他为人诚恳，作风正派，襟怀坦白，光明磊落，处事用人出以公心，

善于团结不同意见的同志一道工作。

此类词语还有：

财不露白　拆白道字　沉冤莫白　齿白唇红　赤口白舌　抽黄对白　抽青配白　混淆黑白

唇红齿白　大天白日　颠倒黑白　恶叉白赖　粉白黛黑　粉白黛绿　粉白墨黑　过隙白驹

黑白不分　黑白分明　黑家白日　黑天白日　红白喜事　胡说白道

红色常指"捷报；报喜；女子；美女；相思"等意义。红色颜色词成语有：

红男绿女：指穿着各种漂亮服装的青年男女。如：

◆ 没有人这么早来逛庙，他自己也并不希望看见什么豆汁摊子，大糖葫芦，沙雁，风车与那些红男绿女。

◆ 然而，我望尽街上的红男绿女，总也没有我记忆中熟悉的面孔。

红旗报捷：清代军队出征，打了胜仗，派专人手持红旗，急驰进京报捷。现用作报喜的意思。

此类词语还有：

红情绿意　红日三竿　红衰绿减　红丝暗系　批红判白　披红插花　红杏出墙　红袖添香　红颜薄命　花红柳绿　看破红尘　柳绿花红　绿暗红稀　绿肥红瘦　面红耳赤

黄色常指"至尊、政权、神圣、富有、辉煌、年幼、衰老"等含义。黄色颜色词成语有：

口中雌黄：比喻言论前后矛盾。

人老珠黄：本来是指眼睛新陈代谢的异常现象。人衰老而不被重视，就像年代久了变黄的珠子一样不值钱，现比喻女子，泛指人老了不中用。如：

◆她说，她已过了一般人的退休年龄，继续主持节目，会有人老珠黄的感觉。人贵有自知之明。

此类词语还有：

绿衣黄里 面黄肌瘦 明日黄花 牡牡骊黄 七青八黄 青灯黄卷 青黄不接 擎苍牵黄 人约黄昏 数白论黄 数黑论黄 数黄道白 数黄遭黑 说黄道黑 痛饮黄龙 晚节黄花 妄下雌黄 魏紫姚黄 五黄六月

青色同绿色，常指“绿色、青竹、学生、后人、卑微”等。绿（青）色颜色词成语有：

青过于蓝——青从蓝草中提炼出来，但颜色比蓝草更深。比喻学生胜过老师，或后人胜过前人。同“青出于蓝”。如：

◆他培养的弟子李昌镐九段更是青过于蓝，如今已被公认是世界最强棋手。

青黄不接——青：田里的青苗；黄：成熟的谷物。旧粮已经吃完，新粮尚未接上。也比喻人才或物力前后接不上。如：

◆国家文物局官员忧心忡忡地说：“人才青黄不接，已构成古建筑的最大隐患。”

此类词语还有：

青红皂白 青林黑塞 青梅竹马 青面獠牙 青女素娥 青山不老，绿水长存 青钱万选 青山绿水 青史留名 青天白日 青鞋布袜 青云万里 青云直上 青州从事 取青媲白 水碧山青 司马青衫 万古长青 直上青云 朱阁青楼 不分青红 青红皂白

蓝色：蓝草；破烂；蓝色颜色词成语有：

筚路蓝缕 蓝田出玉 蓝田生玉 青出于蓝 青过于蓝 衣冠蓝缕

青出于蓝而胜于蓝

紫色常指“卑微低贱、异端、吉祥的征兆、高官”等，紫色颜色词成语有：

百紫千红 姹紫嫣红 带金佩紫 珥金拖紫 掇青拾紫 俯拾青紫 红得发紫 恶紫夺朱 怀黄佩紫 怀金垂紫 黄旗紫盖 金印紫绶 千红万紫 万紫千红

灰色是指“沉闷、没有生气、粉末状的东西、尘土”。灰色颜色词成语有：

百念皆灰——又称百念俱灰，指种种念头都已消失成了灰，比喻心灰意冷。如：

◆我如今百念皆灰，无所他求，只求归见老母。

此类词语还有：

吹灰之力 焚尸扬灰 粉骨扬灰 槁木死灰 心如寒灰 心如死灰 灰飞烟灭 灰头草面 灰头土面 灰心槁形 灰心丧气 灰心丧意 朽木死灰 死灰复燃 死灰槁木 色若死灰 万念俱灰 心灰意懒 心灰意冷

2. 服饰色彩及其文化内涵

探讨服饰色彩总是与那个时代的政治、经济、文化、宗教等因素有着极其密切的关系。服饰色彩的内涵是随着社会的发展、变化和服饰的演变而呈现出一定的阶级性、民族性和时代性。

（1）服饰色彩与等级

色彩是服饰美的各个要素中的第一要素。无色彩，服饰美无从谈起。服色与人们的日常生活息息相关，而封建等级和政治更是辐射到了人们日常生活的方方面面。古代五行思想的的影响形成了夏尚青或黑，商尚白，周尚赤，秦尚黑，汉尚黄。五色为天意或天德的象征。凡是建立一个新的王朝，都要据此确定该朝崇尚的颜色，以证明自己统治天下是顺承天意、合乎天德，这一举动史称“改正朔易服色”。基于中国的礼教制度，服色与官员等级有着密切的关系。官员不同的等级，也必然会有相应的颜色标志以区分等级。唐高祖时曾在隋制基础上将官次服色分为四等，亲王及三品以上“色用紫”；四品、五品“色用朱”；六品、七品“服用绿”；八品、九品“服用青”。这是将服色政治化、等级化的典型表现。

秦汉时期，服色有了一定的等级，隋唐以后，随着品色服制度的建立与成熟，服色贵贱进一步稳定下来。一般说来，越艳丽的色彩越显尊贵。我国各个历史时期色彩观念虽然有所不同，但以“礼”为中心的色彩本质是一致的。红色象征着生命、热烈、高贵、喜庆常为达官贵人用；黄色在色谱中明度最高、纯净而亮丽，为佛教所推崇，认为有讴逐邪恶的力量，后为帝王的专用色。冷色则多为朴素的象征，一般多为老百姓所用。

（2）服饰色彩与身份

除了皇室、官员、贵族以外，民间百姓多以青色为服，称作“贱服”，比如侍女称为“青衣”；读书人称为“青衿”。除秦始皇崇尚黑色服饰以外，古代黑色也多是身份低贱的差役所穿衣服的颜色，人们用“皂隶”指杂役或衙门里的差役等。白色也为平民之服，隋炀帝定服制时，规定庶民服白。“白衣成为平民或无官职、无功名的士人的代称。许多朝代规定，平民百姓不得用正色为服饰颜色。

明清时期，绿色多为优伶娼妓人的专用服色，常常被视为“贱色”。汉代，只有地位低下的庖人(宰夫)等戴绿帻。因此民间百姓都忌将它用作衣服颜色，尤其帽子的颜色。总之，青、白、黑、绿等色在中国封建社会里多为身份低下的卑贱之人所穿的服饰颜色，这些暗淡的色彩也成为这个群体特有的色彩符号，由此也可以看出服饰色彩是已经成为一种身份地位的象征。

封建统治阶级把服饰色彩的等级差异和身份尊卑作为巩固封建统治秩序的重要手段，由此可见，服饰色彩的等级制度在中国服饰文化历史上影响极其深远。

3. 与服饰相关颜色词成语

与服饰相关颜色词成语在日常语言中不乏使用的例子。

白衣苍狗——苍：灰白色。浮云像白衣裳，顷刻又变得像苍狗。比喻事物变化不定。如：

◆ 世事沧桑多变，犹如白衣苍狗，令人莫测。

◆ 只是昔日情怀已改，世事白衣苍狗；重温美味的渴望犹如探寻地平线，愈是接近，愈觉遥远。

白日绣衣——比喻富贵后还乡，向乡亲们夸耀。

白衣天使——形容穿白大褂的护士。如：

◆向病人或家属暗示索要“红包”，造成了恶劣的影响，玷污了白衣天使的形象，有的人在采购药品时收受贿赂，甚至走上了犯罪的道路。

白发青衫——青衫，无功名者之服饰。谓年迈而功名未就。如：

◆作诗曰：“白发青衫晚得官，琼林顿觉酒肠宽，平康夜过无人问，留得宫花醒后看。”

此类成语还有：

一品白衫 白衣公卿 白衣秀士 白拾蓝衫 白发青衫 储衣塞路 被储贯木 朱衣使者 朱衣点头 佩紫怀黄 纡青拖紫 金章紫绶 传龟袭紫

三、英语颜色词

1. 英语颜色文化内涵

英语中的颜色也赋予了不同的文化内涵。比如美国也以不同的颜色来表示十二个月份，并用黑、黄、青、灰表示东、南、西、北四个方位。这与我国古代“东方谓之青、南方谓之赤、西方谓之白、北方谓之黑。天谓之玄、地谓之黄”的说法有相同之处。当然，具体方位在不同地区和民族，所对应的颜色有所区别。

西方的色彩象征源于古埃及，起初他们是偏好以白色为主的颜色的。古埃及色彩文化对古希腊产生了很大的影响，古希腊保留了古埃及白、黑、红、蓝色等主要象征色彩。如帕提农神庙的主色为白色，古希腊盛期在建筑上部的浮雕纹样，曾被涂以红色、金色和蓝色。古罗马帝国前期的色彩主要倾向于在白色与黑色的基础上有节制地使用红、黄、绿、淡紫几种颜色。如这个时期规模宏大的万神庙的科林斯柱头用白色大理石，而柱身使用的是暗红色的花岗岩。

在古罗马帝国后期，随着基督教的兴起，形成了新的色彩文化。后来，基督教给欧洲带去了以红色为主的多彩世界，渐渐形成了以基督教为主的色彩倾向。如当时哥特式教堂的色彩艺术发展中，形成了建筑的外部以红、橙、绿、土黄、黑、白为主；内部色彩以金色、黑色、红色、藏青色、胭脂红等为主，这都与基督教的色彩象征有关。

基督教是信仰人数最多传播最广的宗教之一。基督教色彩是以其宗教的象征性，成为西方中世纪色彩文化的主流。在基督教的色彩观念中，金色和白色象征着上帝和天国的光彩，是至高无上的色彩。白色意味着光明、灵魂和纯洁；红色是表示圣爱的色彩（在殉道者纪念日，红色意味着基督的血）；蓝色由于本质的透明性，在基督教中象征着宁静；紫色被基督教认为是极色的象征，是至高无上的上帝圣服的颜色，在神职人员的服色中，紫色是主教的服色；黑色在基督教中则代表着邪恶和阴暗。《圣经》把色彩作为传达上帝旨意的神性象征。这在意宗教内容为主的拜占庭马赛克镶嵌壁画、哥特式教堂彩色玻璃以及神职人员的服装制度上都表现得十分明显。

在西方，曾经最流行的色彩是白色和紫色。欧洲文艺复兴以来，随着服饰奢华程度的升级，明亮的色彩受到人们的欢迎。

红色常指喜庆、精力充沛。由于红色与流血有关，所以还有“流血、危险、暴力”之意。在西方语言中，红色与情绪有很大关系，如表达愤怒。红色还指经济方面的“负债、亏损”之意。

白色指素洁、高雅、纯洁无瑕之意。白色还可指“无关紧要的谎言”。

黑色指庄重、庄严、尊贵，也指不幸、灾难、厌恶、愤怒、忧郁等意义。

绿色指青春、朝气、万物生长、新鲜的等意义。绿色也指新手，没经验。

蓝色在西方有着丰富的文化内涵。除了有“蓝色的、蔚蓝色的的意义外，还代表着圣洁、真理和忠诚的含义。蓝色有”勇气、冷静、理智、坚持等含义”，因此在许多国家警察的制服是蓝色的，警察和救护车的灯一般也是蓝色的。因为蓝色是冷色调，给人抑郁和沮丧的感觉。因此常用蓝色指人的心情忧郁和愁闷。在西方，蓝色还有淫秽、猥亵的意思。

在西方，颜色词内涵丰富，经常用于指代不同的职业，最常见的例子如下：

blue-collar workers 蓝领阶层，指普通体力劳动者

grey-collar workers 灰领阶层，指服务行业的职员

white-collar workers 白领阶层，指接受过专门技术教育的脑力劳动者

pink-collar workers 粉领阶层，指职业妇女群体

golden-collar personnel 金领阶层，指既有专业技能又懂管理和营销的人才

red-collar worker 红领阶层，指国家公职人员，也就是我国党群机关、行政机关和社会团体中由国家财政负担工资和福利的工作人员。

除此之外，颜色词还广泛地在西方日常生活语言中使用。如：

blue jeans 牛仔服

◆ He was barefoot as he spoke , and wearing blue jeans. 那天演讲时他赤裸着双脚，穿着蓝色牛仔裤。

blue man 穿制服的警察

black tie 男子礼服的黑色领结，男子的半正式礼服

blue stocking 女学者或女才子；有才华、有学问的妇女

blue ribbon 荣誉、实力

the red carpet 隆重的欢迎

2. 英语习语中的颜色词

英语语言历史悠久，其文化中包含着丰富的颜色词。颜色词独特的语言功能是西方民族独特的色彩意识和文化传统的体现。西方习语中色彩词有如下文化内涵：

红色意味着“危险、流血、放荡、负债、亏损”等含义。如：

ared flag（危险信号旗），red revenge（血腥复仇），have red hands（杀人犯），red figure（赤字），red ink（赤字），inthered（亏损），red-inkentry（赤字分录），redbalance（赤字差额）等

On red alert 原属于军事用语，尤指警报信号，黄、蓝、红分别表示警报的紧急程度，红色最为紧急，因此引申为“处于紧急戒备状态”。See the redlight 里的“红灯”除了交通上表示不许通行外，许多仪表上的“红灯”都是表示不正常、出毛病，由此产生该习语，用来表示意识到临近的危险。

白色意味着“纯洁、高雅、大而笨重的、不流血”等含义。如：

a white soul（纯洁的心灵），a white spirit（正直的精神）；white men（高尚、有教养的人）等。White elephant 原来是指白色的大象，但作为习语，它的意义已经和颜色毫无关系，它的意义是引申而来的。据说古时候的泰国，如果国王对某个臣下不满，就赐给他白大象。古时白大象被视为圣物，不能宰杀，不能使役，因为是赐物，也不敢转送他人，只能养在家中，其费用巨大，久而久之，该臣下便倾家荡产。后来人们用 white elephant 来比喻那些“昂贵而无用的东西”，如家具、汽车、电器、房屋、艺术品等。此外，此类习语还有：

white lie（善意的谎言），white war（不流血的战争），white night（不眠之夜），white magic（法术、戏法），bleed someone white（榨尽某人的钱财），white hope（被指望大可获得成功的人或物），white goods（大件家用电器，如冰箱、洗衣机等），white about the gills（非常害怕）等。

黑色意味着“邪恶、死亡、恶劣、黑暗”等含义。如：

black words(不吉利的话)，a black letter day(凶日)。黑色象征邪恶、犯罪，如 Black Man（邪恶的恶魔），a black deed（极其恶劣的行为），black guard（恶棍、流氓），black mail（敲诈、勒索）等。

黑色在英语还有不吉祥、非法或险恶的意思，如 black market 在汉语里就叫做“黑市”，black list（黑名单），black day（黑色的日子），black future（前途黯淡），black heart（黑心），black comedy（黑色喜剧），black humour（黑色幽默），black mark（黑点、污点）等。

有些含有 black 的习语是来自隐喻，如 in the black 里的 black 原来是指记账时有结余就用黑色笔，所以 in the black 就表示“银行有存款；不负债”。这类习语还有 black in the face（非常气愤），black and white（是非清楚的）。此外还有：

◆ black ice（透明薄冰），black sheep（败家子），

◆ swear black is white（颠倒黑白，强词夺理），

◆ black spot（交通事故多发地段，不景气地区），two blacks don't make a white（错上加错不是对），

◆ as black as thunder（面带怒容，脸色阴森），

◆ as black as the ace of spades（非常黑，非常脏），

◆ as black as one is painted（要多坏有多坏）。

绿色意味着“青春、活力、幼稚、缺乏经验、嫉妒”等含义。如：

green with envy, green as jealousy, green-eyed monster 都是指“十分嫉妒”的意思。如：

◆ The new typist is green at her job. 刚来的打字员是个生手。

◆ You cannot expect Mary to do business with such people. She is only eighteenand as green as grass. 你不能指望玛丽同这样的人做生意，她只有十八岁，还毫无经验。

green 还可比喻“新近的”、“未成熟的”，这样的习语有：

greenhand（新手），as green as grass（幼稚的，易受骗的），a green oldage（老当益壮），remain green forever（永葆青春），be in the green（在青春期）。

green 也可表示“嫉妒”，如 green with envy（非常嫉妒），莎士比亚在《奥赛罗》里把嫉妒描绘成 the green-eye monster（绿眼睛的恶魔）。另有些习语是取其整体的比喻意义，如 get the green light（得到准许　）give the green light（准许），原来指交通上给车辆开绿灯，准许其通行。还有些习语，如 green power（金钱的力量）和 green staff（钱，钱币）里的 green 是美元，因为美元的底色是绿色的。至于 green thumb 和 green fingers（园艺手艺），因为在做园艺活时受伤常沾满绿色，故有此比喻说法。

汉民族似乎偏爱绿色，因为它给人一种朝气和希望的感觉，因此除了用其本义外，“绿色”常用来代表生机勃勃的景象，如“花红柳绿”，但其内涵

显然没有英语 green 那么丰富。

蓝色意味着“低级、下流、疾病、高贵、忠诚、忧郁”等含义。如：

blue film（黄色电影），blue joke（黄色笑话），blue talk（下流的言论）。blue revolution（委婉指 20 世纪始于西方的性解放运动），blue baby（表示患有先天性心脏缺陷）。blue blood（指拥有皇室血统的人），Blue Book（指大英政府颁发的官方文件），blue room（指总统会见亲戚密友的地方），blue-brick university（名牌大学）。a true blue（用来表示忠实可靠的人，也可表示某人对其政治信仰坚信不疑）等。

英语里的 blue 还有“不切实际、幻想”之意，如 out of the blue（出乎意外地），vanish into the blue（突然消失），abolt from the blue（意外事件）等。蓝色也有“青灰色的、悲伤的、忧郁的”等含义，因此 black and blue 的意思是“遍体鳞伤”，blue devils 指“忧愁、沮丧”。

另有一些习语要从它们所包含的文化背景来理解，如 blue blood（贵族血统，出身名门）原来指的是西班牙贵族是纯正的日耳曼后裔，因为他们皮肤白皙，皮下血管呈蓝色，故有此称。有的来自比喻如 blue in the face 比喻因感情过分强烈而引起脸色发青，因此有“非常气愤”的意思。

含有颜色词 blue 的习语还有：

◆ the man in blue（巡警）

◆ true blue（守旧派）

◆ make the air turn blue（大骂不止，怒骂）

◆ talk a blue streak（滔滔不绝地说）

◆ scream blue murder（大喊大叫，大声惊呼）

◆ blue funk（极度的惊恐，非常焦虑）

◆ once in a blue moon（千载难逢，极少）

相比之下，英语中与灰色（grey）相关颜色词习语的意义常跟事物原有的色泽有关，如人脑是灰色的，因此便产生了 grey matter 和 little grey cells，意思都是“头脑、智力”；灰色常指暗淡和单调的东西，因此产生了习语 grey area，该习语原来是指“不黑不白”，由此引申为“中介领域、没有确定的范围”；grey market 也就成了“灰市、半黑市”。忧虑和烦恼常常使头发变得灰白，因此又产生了习语 get grey hair from（因……而烦恼不安），或 give grey hair to（使……烦恼不堪）。如 the men in grey suits（幕后操纵者）。

附录：与颜色词相关的英语习语

black

a black eye 眼睛打青　　　　black market 黑市交易或黑市

in the black 盈利　　　　black dog 忧郁、不开心的人

black sheep 害群之马，败家子　　　　black leg 骗子

black and blue 遍体鳞伤的；青一块紫一块

to be in black mood 情绪低落

in black and white 白纸黑字；书写的；印刷的　　　　black looks 白眼

black—letter 倒霉的　　　　black art 妖术，魔法

black money 黑钱（指来源不正当而且没有向政府报税的钱）

black tea 红茶　　　　black horse 黑马　　　　black smith 铁匠

a black letter day 倒霉的日子

blue

blue——collar workers 从事体力劳动的工人　　　　blue book 蓝皮书

blue——blooded 贵族的，系出名门的，纯种的　　　　blue——collar 蓝领阶级的，工人阶级的

blue——eyed boy 宠儿；红人　　　　blue——ribbon 头等的，第一流的

blue——sky 无价值的，不保险的　　　　blue man 穿制服的警察

blue——eyed boys 受到管理当局宠爱和特别照顾的职工

a blue book 社会名人录　out of the blue 始料不及

to blue one's money 把钱挥霍掉　once in a blue moon 难得

The blue film 黄色电影　blue——pencil 编辑；修订；删除

blue Monday 忧郁的星期一　once in a blue moon 千载难逢的机会

blue sky bargaining 漫天讨价　blue fear 极度的惊恐

drink till all's blue 一醉方休　out of the blue 完全出于意外

a bolt from the blue 晴天霹雳　a blue joke 下流的笑话

blue ribbon 蓝绶带；最高的荣誉；一流的　blue stocking 女学者

brown

to do sb. brown 使某人上当　a brown stone district 富人居住区

brown out 弄暗　brown off 厌烦，出大错

do up brown 细心地搞好　in a brown study 沉思冥想

brown goods 棕色货物，指电视、录音机、音响等外壳为棕色的电子产品。

green

green——eyed 嫉妒 / 眼红　green meat 鲜肉

a green hand 新手　in the green 在青春期

in the green tree 处于佳境　to give sb. the green light 纵容某人

green fingers 有园艺技能

golden

golden - collar personnel 金领阶层，指既有专业技能又懂管理和营销的人才

grey

grey - collar workers 灰领阶层，指服务行业的职员

grey market 半黑市

a gray day 阴天　gray record 古书

the gray market 半黑市　gray prospects 暗淡的前景

gray cloth 本布色　　gray collar 服务性的行业

gray mare 比丈夫强的妻子　　gray hairs 或 gray heads 特指老年人

stand in the gray 恪守中立

red

the red carpet 隆重的欢迎　　red battle 一场血战

red ruin 火灾　　red herring 无关紧要的题外话

red——eye 廉价的威士忌酒　　red ball 特快列车

red box 英国大臣用的文件匣　　in/into/out of the red 有 / 没有亏损

see red 大怒，生气　　red——light district 红灯区

red tape 繁文缛节，官样文章　　red ink 赤字

catch somebody red——handed 当场发现某人正在做坏事或犯罪

white

white war 没有硝烟的战争，常指“经济竞争”。　white money 银币

white man 善良的人，有教养的人　　white——livered 怯懦的

a white day 吉祥之日　　to bleed white 被榨尽血汗

the white way 白光大街（指城里灯光灿烂的商业区）

white crow 罕见的事物

white elephant 昂贵却派不上用场的物体或物主不需要但又无法处置之物

white goods 体积大、单价高的家用电器用具　　white sale 大减价

white night 不眠之夜　　white flag 投降

white goods 白色货物，指冰箱、洗衣机等外壳为白色的家电产品

white——collar workers 白领阶层，指接受过专门技术教育的脑力劳动者

yellow

yellow book 廉价书　　yellow dog 忘恩负义之徒

yellow pages 黄页（指分类电话簿）

a yellow dog 可鄙的人，卑鄙的人

a yellow livered 胆小鬼　　　yellow looks 尖酸多疑的神情

yellow belly 可鄙的胆小鬼　　　yellow back 廉价小说

Yellow Book 黄皮书（法国等国家的政府报告，用黄封面装帧）

yellow journalism 都是指通过不择手段地夸张、渲染来招揽读者的一种新闻编辑作风，也就是黄色编辑作风。

pink

pink——collar workers 粉领阶层，指职业妇女群体 in the pink 非常健康

purple

be born in the purple 生于帝王之家

marry into the purple 与皇室贵族联姻

第十章　服饰文化与生活中服饰语汇关系解读的理论基础

一、认知、认知语言学

认知“cognition”来自拉丁语“cognitio”，意为获得知识或学习的过程。认知是心理过程的一部分。是个体认识客观世界的信息加工活动。习惯上将认知与情感、意志相对应。是指人们获得知识或应用知识的过程，或信息加工的过程。是指人认识外界事物的过程，即对作用于人的感觉器官的外界事物进行信息加工的过程。这是人最基本的心理过程。它包括感觉、知觉、记忆、想象、思维和语言等。人脑接受外界输入的信息，经过头脑的加工处理，转换成内在的心理活动，再进而支配人的行为，这个过程就是信息加工的过程，也就是认知过程。

语言学家对认知的定义各有不同：Houston 认为认知是信息加工，是心理上的符号运算，是解决问题，是思维，是一组相关的活动。由此看来，认知的核心是思维。

认知语言学是语言学的一门分支学科，是多种认知语言理论的统称，代表了语言研究的一个新的发展趋势。其特点是把人们的日常经验看成是语言使用的基础，着重阐释语言和一般认知能力之间密不可分的联系。乔治·雷可夫（George P. Lakoff）是认知语言学中的一位创立者，他提倡隐喻是日常语言活动中的必须认知能力。

认知语言学强调语言与认知是不可分的，自然语言是人的智能活动的结果，同时又是人类认知的一个组成部分。认知是语言的基础，语言是认知的窗口；语言能促进认知的发展。认知语言学认为语言的创建、学习及运用基本上都必须能够透过人类的认知而加以解释，因为认知能力是人类知识的根本。认知语言学对传统语言学理论提出了全新的、富有挑战性的观点。

认知语言学目标除对语言事实进行描写外，更是致力于朝着理论解释的方向迈进一步，旨在揭示语言事实背后的认知规律。

二、隐喻、认知隐喻

20 世纪 70 年代之前，隐喻都是被当作一种辞格来定义的，即隐喻是一种比喻，用一种事物暗喻另一种事物。传统语言学将隐喻看作语言修辞手段。然而，自从美国学者 Lakoff 和 Johnson 在 1980 年发表《我们赖以生存的隐喻》一书以来，国内外的许多学者开始从认知的角度对隐喻进行了大量的研究。该理论的核心内容是：隐喻是一种认知手段；隐喻的本质是概念性的；隐喻是跨概念域的系统映射；映射遵循恒定原则；概念隐喻的使用是潜意识的，等等。概念隐喻理论认为隐喻是从一个具体的概念域向一个抽象的概念域的系统映射；隐喻是思维问题，不是语言问题；隐喻是思维方式和认知手段。概念隐喻理论的革命性观点促进了认知语义学的整体发展。

当代隐喻理论同样认为隐喻是思维手段和认知方法，是两个不同概念之间的互动。隐喻是用一个范畴的概念来构建或解释另一个范畴，是从一个具体的概念域向一个抽象的概念域的系统映射，即源域和目标域之间的投射。隐喻的源域通常是具体的、人们熟悉的和已知的概念；而目标域则是抽象的，不为人们所知的、陌生的概念，即隐喻的投射是一个从具体到抽象的复杂的认知过程，而且这是一个动态的、开放的过程（如图 10-1 所示）。

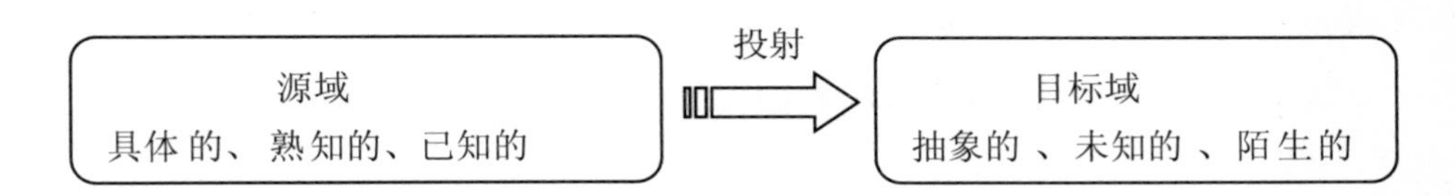

图 10-1 隐喻投射

概念隐喻理论是认知语言学重要的理论之一，是新的语言意义产生的根源，也是词义的扩展和延伸的最重要的认知机制。

认知隐喻常用于解释语言现象的本质。在语言研究中，主要用于翻译、词汇、词语多义现象、英语阅读教学等方面的研究，对英、汉语研究具有很好的指导意义。

三、转喻、认知转喻

转喻（metonymy），又称“借代”，Metonymy 是英语派生词，由希腊语前缀“met”（变换）和希腊语词根“onym”（名字）结合而成，意为名称的变换。从上面的解释可知，转喻的基础和根据是两事物之间存在某种联系而以一事物的名称喻指另一事物。

转喻研究经历了从传统修辞学到现代认知语言学的发展阶段。早在亚里士多德时期，西方学者就有关于转喻概念的论述。从那时起到认知语言学时期，转喻经历了不同的研究阶段，但相对隐喻研究还很薄弱。转喻在传统修辞学中被看作是用某事物的名称代替相邻近事物名称的一种修辞手段，是词汇之间的替换方式。但随着近年来认知科学和认知语言学的兴盛，转喻研究得到了前所未有的重视，人们逐渐认识到转喻和隐喻一样，是人们日常思维的一种方式。转喻不只是一种语言现象，而是人类重要的思维方式，是一种有力的认知机制，是人类认识客观世界的重要手段，一种高效的认知手段和人类所共有的普遍的思维方式。它以经验为基础，遵循一般和系统的原则，并被用于组织我们的思维和行为，属于认识世界的一种认知方式和现象。（Lakoff,George & Mark Johnson,1980）有些学者甚至还认为，转喻也许比隐喻更为基本，即转喻是隐喻映射的基础，是一种比隐喻更为基本的意义扩展方式。

认知语言学认为转喻的本质与隐喻一样是人类基本的认知手段，转喻是概念、思维层面上的问题，对于人类推理起着重要的作用。

在认知语言学不断取得新突破的新环境下，我们给予了转喻新的阐释。它不仅是一种语言现象，还是一种有力的认知机制，一种在理想化认知模式下高效的认知手段和人类所共有的普遍的思维方式。这种对于转喻新的认识可以将其应用到语言研究的各个形式和层面，“概念转喻理论具有很大的研究潜力，可用于阐释多个层面上的语言问题”。鉴于其概念本质，转喻思维应该是无所不在的，它存在于人类日常行为的方方面面。

在语言研究中，认知转喻常用于转喻与语义学、翻译学、文学的关系研究，或者结合关联理论探讨转喻在言语行为中的认知语用理据和语用功能研究。如转喻在英语和汉语熟语中的应用研究，转喻在文学、诗歌等中的应用研究等。

四、概念整合理论

概念整合理论（Conceptual Integration Theory）也称为“概念合成理论”，是探索意义构建信息整合的理论框架。该理论认为要理解语言的意义，就要研究人们交谈或是听话时形成的认知域。它的一个重要理论要点是概念整合的心理空间模型。该模型包括四个心理空间，即输入空间 1、输入空间 2、类属空间和合成空间。概念整合理论是认知语言学中重要的理论，阐释力强，应用广泛。其过程为：首先，笼统地将表象的东西进行“组合（composition）”；其次，在知识框架中使初步获得的材料加以“完善（elaboration）”；最后的“扩展（elaboration）”，是对“完善”了的概念进行精致加工整合。经过这三个彼此关联的心智认知活动后，产生浮现结构（emergent structure），即层创结构。

输入空间里的元素和结构有选择地投射到合成空间，形成层创结构，而且层创结构的形成是一个动态的、需要充分发挥想象力的认知过程。在此过程中，不断地使旧的联系静止，激活新的联系，结合语境和储存在记忆里的知识框架，重构新的空间并进行重组和整合。概念整合对于我们如何学习、如何思维、如何生活发挥着中心作用。我们正是依靠概念整合来理解意义，不断创新发明，创造出丰富多彩的概念世界。 因此，概念整合观也是认知语义学中一种十分重要的理论

在语言研究中，概念整合理论常被运用于对语言诸方面的分析之中，从一个崭新的理论视角去探讨形式和意义，包括分析某些汉语复杂表达形式的意义成因机理、诗歌中的整合性思维、文学翻译中的概念整合理论运用等。

五、理想化认知模型

理想化认知模型（Idealized Cognitive Model）是人们在认识事物的过程中所形成的统一的、理想化的、常规的概念组织形式，是对世界的一种总的表征。近年来，理想化认知模型成为认知语言学领域的一大热点。

20 世纪 80 年代，George Lakoff 基于体验主义（experientialism）哲学框架，提出了理想化认知模型（Idealized Cognitive Models，ICM）理论。ICM 是人们在认识事物与理解现实世界过程中对某领域中经验和知识所形成的抽象的、统一的、理想化的组织和表征结构。根据 Lakoff 的论述，ICM 有四种类型的建构原则：

（1）命题：由 ICM 中特定对象的成分、属性及其之间的关系构成；

（2）意象图式：包括人类日常体验和理解过程中反复出现的联系抽象关系和具体意象的多种组织结构，如容器、路径、移动及各种空间、方位关系等；

（3）隐喻映射：将一个命题或命题中的成分或意象图式，从一个认知域映射到另一个认知域的相应结构中，实现对抽象事物的概念化、理解和推理；

（4）转喻映射：用同一个 ICM 中容易感知或凸显的某个成分映射整体或整体的其他部分。

归结起来，前两项构成 ICM 的主要内容和基础，提供有关的情景作为理解的背景，激活有关的其他概念和知识；后两项是前两项的具体体现或手段，是 ICM 的扩展机制，通过前两项来理解和表达复杂、抽象的概念，并规约人们的生活经验。

人类认识世界首先从基本经验着手，借助一些特定的基本词汇来表达具体以及抽象的意义，从表达和理解上给人们之间的交流搭建了桥梁。

理想化认知模型常从认知模式与教学、认知模式与翻译及认知模式在文学诗词中的运用等方面进行研究，常被用来解释语义范畴和概念结构。

以上理论作为服饰文化与社会语言关系解读的理论基础，结合人类认知模式，以全新的视角帮助我们更好地解读服饰语汇的含义，感知服饰语汇背后的服饰文化意义，拓宽了服饰文化与认知语言学的跨领域研究，对跨学科研究具有重大的的理论意义和实践意义。

第十一章　从汉语服饰语汇看服饰文化与社会语言关系①

我们平常所说的人类须臾离不开的“衣、食、住、行”四大生活基本要素中，“衣”占据首位，由此我们可以看到服饰在人类生活中的重要作用。在古代文献《汉书》、《后汉书》中，服饰是作为衣服和装饰的意思出现的。《中国汉字文化大观》定义服饰词语为：戴在头上的叫头衣；穿在脚上的叫足衣；穿在身上的衣服则叫体衣。《现代汉语大辞典》中服饰解释为服装、鞋、帽、袜子、手套、围巾、领带等衣着和配饰物品总称。本章服饰概念主要指除了传统意义上的头衣、体衣、足衣等衣着外，还包括与之相关的衣着配饰、缝纫工艺、丝染织品等物品。汉语语汇主要包括成语、惯用语、谚语、歇后语等。

服饰的作用，从功能的角度是为了护身、御风挡寒；从道德的角度是为了礼貌、蔽体遮羞；从审美的角度是为了美观、吸引异性。服饰与人的生活密切相关，是民俗生活的产物。服饰是一个国家或民族的风格、习尚、风情的产物和载体，是历史和现实精神活动的物化反映。人类的服饰文化大大丰富了语言要素，特别是词语语义，同时从有关服饰的语言要素中，我们能够

①本文所有语汇语料来自《服饰成语大观》、《歇后语10000条》（温端政，2012）、《汉语惯用语大词典》、中华在线词典以及笔者自建的超小型服饰习语语料库

发现人类的服饰文化以及其他社会文化的方方面面。仅就一般服饰的种类、所用工具、所用材料诸方面看，就可以体会到服饰文化对语言的贡献。语言词汇中的不少词是源于服饰文化的。社会、文化与语言相比较，社会、文化是第一性的，先有社会、文化后有语言，社会文化发展了，语言随之发展，所以语言是社会文化的一面镜子，服饰语汇更是服饰文化变迁的反映。

本章主要分析与服饰相关的成语、谚语、歇后语等语汇形式，说明服饰文化与社会语言有着不可分割的关系。服饰文化丰富了社会语言，同时，语言作为一种符号又反映出服饰文化的变迁。

一、服饰词语以及服饰语汇

汉语服饰词语，如衣、衫、袖、裤、带、裳等是汉民族服饰的具象符号，是汉民族的重要表现形式之一。服饰词语作为一种语言符号，记载着汉族人民几千年来积淀的服饰文化内涵，传承着中国历代的着装理念和衣着文化，服饰本身的字体结构包含了该服饰物质性和精神性的许多方面，体现了我国服饰历史的文化创造活动。与此同时，人类的服饰文化创造活动又产生、丰富了语言，并推动语言的不断发展和创新，真正体现了语言和文化之间的互相渗透性和双向性。

汉语语汇通常是语言中通俗的、惯用的、定型的短语或句子，主要有惯用语、成语、歇后语、谚语、格言等。如：

（1）与服饰相关的成语：拂衣而去；冠冕堂皇；青鞋布袜；绫罗绸缎；……

（2）与服饰相关的惯用语：甩袖子；扣帽子；甩大鞋；……

（3）与服饰相关的歇后语：腰带拿来围脖子——记（系）错了；头穿袜子脚戴帽——一切颠倒；夏天的袜子——可有可无；绣花被面补裤子——大材小用；破麻袋做裙子——不是这块料；……

（4）与服饰相关汉语谚语：衣无领，裤无裆；见了财主穿新衣，见了穷人穿旧衣；有了红皮袄，忘了破蓑衣；……

汉语言中服饰语汇丰富，许多服饰语汇都具有文化意义的多层性，因此，常常需要借助服饰的文化性，透过表层的字面意义去探寻深层的含义。

二、服饰文化与社会语言的关系

随着人类社会的发展，文化与语言之间形成了密切联系，它们相互依存、相互促进、共同发展。语言是人类文化的产物，是记录文化的符号系统，语言是人类文化的承载工具，人类文化的思辨能力、认知能力、传承能力和艺术表达能力要靠语言显示；语言是民族的语言，文化是民族的文化。语言学家萨皮尔所说："语言有一个底座……语言也不脱离文化而存在，就是说，不脱离社会流传下来的、决定我们生活面貌的风俗和信仰的总体。"所以，没有语言，文化就无从形成和显现；没有文化，语言也不能建构和确立。

服饰语汇是汉民族的语言，是服饰文化的承载工具。服饰文化与服饰语汇相互依存、共同发展、创新。通过分析这些与服饰相关语汇，结合产生这些语汇的文化历史背景，深层次地挖掘服饰语汇中包含的文化特征，展示服饰文化与社会语言之间不可分割、相辅相成的关系。

从下面的例子分析我们会发现汉语语汇中的不少词及词语是源于服饰文化的，反之，人类的服饰文化又大大丰富了这些语汇。

1. 与服饰相关的汉语成语

成语是一个极其精短的语言文字艺术作品。汉语语汇中积累了大量的成语，其中包括大量的与服饰相关成语。服饰成语往往反映出古代服饰风貌、服饰观以及古代涉及服饰的礼仪制度等服饰文化。如通常人们所称的"裙带关系"可追溯到唐朝"裙"文化，唐朝以后裙、钗等成为妇女专用服装，所以妇女又被称为"裙钗"、"裙裾"、"裙襦"。"裙衩"、"裙带"本来是指系裙的带，后来用以比喻由于妻女姊妹等的关系，所以凭借妻女姊妹关系而得的官职被叫“裙带官”。在宋朝时候,民间称因此而得官职的人为“裙带头儿官”。

在成语“两袖清风”中，袖是上衣的一部分，分为长袖、短袖。在中国古代社会，袖是袂的俗名，古代人的衣服没有袋子，在袖口里面做成袋子的形状用以方便放东西，所以要做得宽宽的，藏物揣手，古人的重要书信、银两等都是装在袖子里，“两袖清风”是指两袖中除清风外，别无所有，常比喻为官清廉、不贪赃枉法严于律己。人们还把置身事外，不帮助别人的行为称为“袖手旁观”，把愤怒而走称为“拂袖而去”。与袖相关的语汇大多包含袖的服饰特点，加以想象比拟，经过语言积淀，形成具有特定文化性的丰富多彩的语言词汇。

由此看来，服饰成语结构精致、信息量大，蕴含了丰富的服饰文化内涵，而服饰文化又促进了语汇的形成，并极大地丰富了汉语言语汇。

2. 与服饰相关汉语歇后语

与服饰相关语汇的形成和发展是在传递和表达着中国服饰的习俗，衣着传统和着装心理，反映出一定时期内社会群体的人生观、认知方式以及审美情趣等文化心态，影射着中国服饰文化的深层意蕴。与服饰相关汉语歇后语是汉语言中的一种独特的语言现象。与服饰相关汉语歇后语也是歇后语中的一种，通常由两部分组成。前面部分为歇面，主要是对服饰及与各种服饰相关的经验、行为、状态、特征等加以描述，后面部分为歇底，对该歇后语进行解释。如从歇后语“脱了裤子打老虎——不要脸，又不要命”、“抬棺材的掉裤子——去羞死人”中可以看出裤子的遮羞功能。

结合服饰歇后语歇面中所体现出来的服饰文化性，可将服饰歇后语概括为：

（1）以服饰功能为源域的歇后语。如：腰带拿来围脖子——记(系)错了；头穿袜子脚戴帽——一切颠倒；夏天的袜子——可有可无。

（2）以服饰生活经验为源域的歇后语。如：紧着裤子数日月——日子难过；撕衣服补裤子——于事无补；因小失大。

(3) 以服饰传统惯例为源域的歇后语。如：爷爷棉袄孙子穿——老一套；白布做棉袄——反正都是理（里）。

（4）以服饰搭配为源域的歇后语。如：有衣无帽——不成一套；背心穿在衬衫外 ——乱套了；裤子套着裙子穿——不伦不类。

（5）以服饰材料为源域的歇后语。如：绣花被面补裤子——大材小用；破麻袋做裙子——不是这块料。

（6）以固定人物为源域的歇后语。如：济公的装束——衣冠不整；玉帝爷的帽子——宝贝疙瘩。

……

理解该类歇后语需要借助歇面中的服饰文化语境来判断歇后语的目标域，结合人们所了解的各种服饰的文化性，自然地联想到自己熟悉的与服饰相关的知识、文化与经验，才能正确地理解服饰歇后语的意义，由此不难看出文化对语言的贡献。

3. 与服饰相关的惯用语

惯用语是口语中短小定型的习惯用语，具有简明生动、形象的特点。一般有 3 个音节，多为动宾结构。惯用语是人类长期语言实践而形成的一种特殊语言现象，反映了人类生产、生活的历史。汉语服饰惯用语与汉民族服饰文化紧密相连。服饰与人类的生产、生活息息相关，并伴随着人类的文明进程而日益丰富，服饰文化对汉语言的深刻影响通过下面的例子可见一斑。

穿小鞋："小鞋"是旧时代缠了小脚的妇女们穿的一种绣着花的"小鞋"。1000 多年前，南唐后主李煜别出心裁地命令宫女用很长的白布缠足，把脚缠成又小又尖的弯弯"月牙儿"，这种脚又叫"三寸金莲"。后来全国便兴起了妇女缠足的风气。缠足后，脚小了，只能穿小鞋了。在封建时代，我国汉族妇女一直沿袭着缠足陋习，脚缠得越小就认为越美，而美其名曰"三寸金莲"。过去婚姻大事全凭父母之命，媒妁之言，男女双方根本互不相见，所以，只能依照脚的大小，而衡量女人的俊丑。因此，在媒婆说媒时，必先请男方看女方的鞋样儿，以示女方脚的大小，一旦男方同意了亲事，就留下此鞋样儿了，按此样尺寸做一双绣鞋连同订婚礼物一起送到女方家，成亲那天，新娘必须穿上这双绣鞋，以防脚大而受骗。

如果把这双绣花鞋故意做得很小，让新娘穿着难受，这就是故意整治她，这就是"穿小鞋"的由来。现专指那些在背后使坏点子整人，或利用某种职权寻机置人于困境的人，也指上级对下级或人与人之间进行打击报复，都称为"穿小鞋"。

中国自古以来就被称为"衣冠之国"、"礼仪之邦"。除了衣服以外，中国人最重视的就是头上的帽子。帽子，在古代中国，是一种社会等级的标记。发展到现在，帽子虽然不明显地标记一个人的地位，但是，在人们的观念中，仍把"帽子"看作一个人身份的象征。因此，词语中"帽子"，也多用来暗示人们的身份和名誉。如"乌纱帽"就是指官职。

4. 与服饰相关汉语谚语

谚语是流传于民间的简练通俗而富有意义的语句，大多反映人民生活和斗争的经验。谚语以生动活泼的语言说出深奥的人生哲理。谚语大多由两个短小的单句组合而成，多半来自民间口语，通俗易懂，形象生动，寓意深刻，是人们喜闻乐见的语言材料。与服饰相关谚语大多反映了人们的生活和经验，是人们涉及服饰的社会实践的经验总结。如："脱掉帽子看高低，卷起袖子看胳膊"揭示了这样的道理：戴着帽子能增加实际的身高，穿着长袖的衣服看不清胳膊本来的粗细长短。只有去掉服装的遮盖才能看到最真实的情况。比喻只有比试比试，才知谁有本领。又如："衣无领，裤无裆"、"满城文运转，遍地是方巾"、"鞋不加丝，衣不加寸"……（华梅，2007）这些谚语将人们与服饰相关的观察、经验、现象和智慧凝练起来，总结了规律，简明通俗地揭示了一定的生活道理。

中华民族创造的服饰文化历史悠久，服饰文化的语言体现形式之一是民间谚语。服饰谚语反映了中国人的服饰观念：强调等级、崇雅尚俭、注重得体。服饰谚语反映社会生活中的人情世态，积淀着中国的文化传统，具有传送传统服饰文化共同价值观念的功用。

本章从文化语言学角度对与服饰相关的语汇进行了分析，从中梳理出汉民族服饰文化的特征，展现了语言与文化之间的互渗性和推动性等特征，旨在探究与服饰相关语汇作为文化符号与服饰文化的关系，以期丰富服饰词语与文化的研究，使该类研究在不断发展过程中得到丰富和完善。

附录——相关研究成果

一、与服饰相关英语习语的认知解读[①]

1. 引言

（1）习语

习语是指某一语言在使用过程中形成的独特的固定的表达形式。就其广义而言，谚语（proverbs）、箴言（mottoes）、俗语（colloquialisms）、俚语（slang）及典故（allusions）等都可纳入习语（idioms）的范围。它具有整体性、约定俗成性、固定性和隐喻性的特征。传统语言学认为：习语是一种死喻，是约定俗成的固定表达且是不可分拆的。而认知语言学则认为：习语是概念系统的产物，与人类的认知是息息相关的，是可理解的。英语服饰习语蕴含着复杂的认知机制，其喻义需要运用实际生活经验中一系列概念系统，即概念隐喻、概念转喻和规约常识才能反映出来，这一观点得到了多数语言学家的认可。与此同时，这种认知机制能够帮助人们了解服饰习语中的文化内涵，

①本文发表在山东外语教学杂志 2009 年第 4 期上。

从而推导出习语的正确含义。

（2）认知观

认知语言学是20世纪90年代形成并日益发展起来的。随着语言学理论的更新，对习语喻义的研究、分析和解释也经历了从传统视角、文化视角到认知视角等多方位的发展。认知语言学代表一种解释语言现象的路向。认知语言学研究认为，语言不是直接表现或对应于现实世界，而是有一个中间的认知构建（cognitive construction）层次将语言表达和现实世界联系起来。在这个认知中介层，人们面对现实世界形成各种概念和概念结构。现实世界通过这个认知中介层折射到语言表达上，语言表达也就不可能完全对应于现实世界。因此若要全面地解释语言现象，我们必须借助于认知。众多认知语言学家认为，习语的意义产生于人的认知结构，具有大量的系统的理据，习语的生成机制与概念结构的映射是密不可分的。Lakoff和Johnson等认为有一些概念直接来源于我们的生活经验，因为这些经验在概念形成之前就已存在，而且具有直接意义。而另外一些抽象的概念则以间接的方式获得，因此认为习语至少是在三种认知机制的基础上产生的，即概念隐喻（conceptual metaphor）、概念转喻（conceptual metonymy）和规约常识（conventional knowledge）。正确理解习语的认知机制及其潜在的原因有助于外语学习。本文试图依据上述三种认知机制通过实例分析，结合西方服饰历史文化阐述英语语言学习中服饰习语喻义生成、发展的内在机制和认知性理据。

2. 与服饰相关的英语习语的认知解读

从古至今，西方国家服饰总在不断演变中。虽然在今天的全球化进程中，西方国家的服饰与其他地方基本上没有区别了，但是英语中许多与服饰相关的习语却记载下了古代西方服饰的特色与特点，并成为反映西方历史文化的一面镜子。下面具体分析三种认知机制在英语服饰习语理解过程中的作用。

（2）英语服饰习语与概念隐喻

隐喻历来是作为修辞格来研究的。随着语言学的发展，隐喻研究被赋予了新的视角，它既是一种语言现象更是一种认知现象。隐喻不仅仅是语言的，更重要的是思维的，是人们认知周围世界的思维方式。隐喻是人类对世界的看法，可以用不同义域的概念来表述，一个义域的概念可以被另一个义域的概念隐喻化。按照 Lakoff 和 Johnson 的观点，隐喻是参照一个知识领域去理解另一个知识领域。前者是具体的、较熟悉的领域，称为源域（source domain）；后者通常是抽象的、陌生的领域，认知的难度更大，称为目标域（target domain）。概念隐喻是源域和目标域之间的部分特征的投射映现，目的是以已知喻未知，以简单喻复杂，以具体喻抽象。隐喻映射的工作机制即词或习语意义的扩展是以经验基础用 empiricalbasis 为前提的，认知推理用 reasoning。其本质是通过具体事物来理解和体验抽象事物。那么，概念隐喻是如何为一些英语服饰习语喻义提供理据的呢？ 许多习语都是以各种服饰的名称来组成的。比如说，“衬衫”——shirts；“裤子”——pants；“领子”——collars 或“袜子”——socks 等。请看下面的例子：

（1）My boss is a stuffed shirt: All he talks about how important his ancestors are, how he was number one in his class at his university, and the wonderful things he thinks he's done for our company.

stuffed 有两种解释：“装的满满的”或“吃得过饱的”。那么 a stuffed shirt 是什么意思呢？ 字面意义是塞得满满或鼓鼓的衬衣，而隐喻则把塞得满满的衬衣整体概念运用到另一领域上即一个人所表现的行为特征上。a stuffed shirt，是指那些表现得神气十足或虚夸自负的人。这里的源域是 a stuffed shirt 而目标域是 my boss。源域与目标域之间有相似点，可以说前者是后者典型的特征。基于日常经验，人们往往由“酒饱饭足、神气十足”联想到“自命不凡的神态”，所以在人们头脑中就形成了经验集合的一种映射，将其隐含义映射到目标域上，最终得出 an arrogant person“虚夸自负的人”这一概念，这是人们长期观察、感受和体验的结果。由此完成了用具体的可感知的经验去理解抽象的不可感知的概念范围，用简单的概念表达复杂概念的认知过程。

my boss is a stuffed shirt 的映射过程

源域　　目标域

a shirt　　a man in a shirt

stuffed　　a man with a full belly

a man in a bulging shirt

a man with an arrogant air

（2）Why do you have ants in your pants today？ I sit still for one second.

生活常识告诉我们，当蚂蚁爬到裤子里时，人们会不舒服，坐立不安，由此联想到 ants in one' s pants 表达的是一种状态特征，一种体验；联想到人情感的一种状态，一种体验即“魂不守舍、焦躁不安”。该句实质在于用一事物的体验或感受来联想或诠释另一事物。例句说明，概念隐喻充当着两个彼此独立且截然不同的概念域之间的媒介共存于同一个隐喻中，概念意义之间的关联是客观事物在人的认知领域里的联想。在美国英语中，服装各部分名称经常是组成一些习惯用语的主要成分。如“领子”——collar，与领子相关的服饰习语有 blue collar 蓝领（工人阶级）；white collar 白领（脑力劳动者）；pink collar 粉领族（指和蓝领体力工人相当的女性工人）；后来在中国又出现了 grey collar 灰领（电子工程师、装饰设计师等）甚至 gold——collar workers 金领族（一般都有一技之长，对公司工作的方方面面都十分了解，甚至对公司的利润大小和收益都有直接的重要影响。他们的工作环境优雅，职业体面，有着丰厚的收入和稳固的经济地位）等。在一组习语中反复出现的同一个词或词组是一种将知识域和习语意义联系起来的认知机制，这一组习语都与衣领有关。习语中的字面意义产生的概念知识整个地映射到认知目标上，将认知目标置于这种概念知识体系下进行认知，找出认知目标在该领域里的对应意义，从而找到认知理据。上述习语源于发达国家曾经或正在使用的工种服装颜色标识，不同领域的人的着装对应从事不同职业的人。

值得注意的是粉领、灰领等不是根据这一行业人的服饰色彩得到的，但借助这种认知机制，人们自然而然就能联想到它们的意义。Lakoff 指出概念隐喻是“源域”与“目标域”之间的一系列对应关系，其对应包括：源域中的实体、关系、特性及有关知识对应目标域中的实体、关系、特性及相关知识。通过理解源域与目标域之间的关系对应推导出习语的概念隐喻意义。又如：在日常生活中，“衣袖”为我们常见，我们也了解它在古代西方服饰文化中的功能、特性等，因此有关“衣袖”的一些概念可用来帮助我们理解生活领域中的一些抽象概念，如 16 世纪上半叶，英国男子的衣服袖子宽大，除本身的服饰功能外，还可以用来隐藏、遮盖事物等。在构成抽象概念中，衣袖的概念隐喻可归纳如下：

◆ spit on one' s own sleeve 搬起石头砸自己的脚

◆ Every man has a fool in his sleeve 人人都有不够聪明之处

◆ hang on sb. ' s sleeve 听从某人

◆ have a plan [a card] up one' s sleeve 别有用心，另有应急计划，另有秘诀

◆ laugh [smile] in [up] one' s sleeve 暗笑，在肚子里笑

◆ up one' s sleeve 藏在袖子里秘密备用（up 通常表示向上的意义）

这些概念隐喻存在于人的概念体系中，体现出体验与感受的对应关系，并在抽象领域（如“遮盖、掩藏”）与具体领域（如“衣袖”）之间起一种连接作用。由此也可以看出英语服饰习语单源域居多。“二战”以前，美国人一年四季都戴帽子。男人到了夏天就戴草帽，其他时间一般都戴毡帽。女人如果没有一顶时髦的帽子是不会出门的。现在的情况不同了，大多数美国人都不戴帽子。但是，尽管古今服饰有所变化，可是由 hat 组成的习惯用语仍然出现在美国人的口语中。如：

◆ Tom Atkins is usually a good—hearted friendly guy. But he has one problem，a hot temper. Say something he doesn't agree with，and he'll start a loud argument at the drop of a hat.

显然 at the drop of a hat 和开枪没有关系，这个说法源自以前的决斗，裁判员一般都是举着帽子，然后突然把它往地下一扔，作为决斗双方可以开始开枪的信号。它是指（一个人脾气的）一触即发。源域指帽子落地行动开始，目标域却指一有信号就立即行动。习语中各语言组成部分并非任意地结合在一起，相反，它们的组合是有目的的。意义不是客观地包含于语言之中，它是通过人基于一定的文化知识的理解而形成的。同样习语的习惯意义也应该是同人的概念体系相结合，通过理解对应关系而形成的。

（2）英语服饰习语与概念转喻、规约常识

转喻是构成习语意义生成的认知基础之一。概念转喻的本质是用突显、重要、易感知的部分代替整体或其他部分，或用完全感知的整体代替部分。是显性意义到隐性意义的过渡或迁移。根据 Ungerer 和 Schmid 的研究，转喻产生的心理机制就是同一认知域中进行的概念映射过程，即同一个认知域中的一个范畴被用来代替另一个范畴。如：

◆ At first the students found lodging where they could, but this led to trouble between town and gown.

该句中的 town 是指城镇，gown 是指（某些官员、教士、学者等穿的、标志职务或地位的）长礼服，长袍；进而长袍代表穿特定长礼服的职业（或职位）；例句中 town 以整体代表部分；而 gown 以部分代表整体。前者指城镇里的市民，后者代替着特定服装的学生。认知心理学的研究发现，在认知上，相近的事物容易被人们视为一个单位；此外，人们的注意力往往更容易观察和记忆事物比较突显的方面。某类人群的职业着装具有突显性，因此用来代替该类人群。因此，了解一定的历史文化背景有助于概念转喻的认知理解，又如：

◆ Can't you put a sock in it when I am on the phone？

put a sock in it 直译是“把袜子放进去”，如何推导它的喻义呢？ 原来早期的发条留声机（wind—up gramophone）没有音量控制，声音从一个大喇叭（horn）发出。人们要减低其音量有时会把一只袜子塞进喇叭里去。所以，put a sock in it 有“降低声音”的意思，现代英语中成为“住口”的俚语说法，其中 it 是指嘴巴。构成习语认知机制除了概念隐喻和概念转喻以外，还可借助规约常识即共有文化常识对习语进行分析推导。规约常识是指一定文化群体所拥有的一定概念域所共有的知识或信息。在理解与服饰相关的英语习语过程中，利用服饰概念领域的基本知识去理解较抽象的体验，并结合服饰历史文化认知机制是破译习语意义的关键。

由服饰而产生的语言可以概括为两种形式：一种是直接形容服饰的字词；别一种是以服饰用语为基体，注入其他概念或思想内容，以阐明某种道理或凭借服饰用语加以延伸、转注或予以运用。有关服饰文化的语言转化为带有特定内涵的生活语言中的习语，这种例子英语中比比皆是。

◆ Now he wears many hats and cannot go to visit his mother as frequently as before.

服饰领域普遍常识告诉我们人不会同时带很多帽子，而很多行业有自己特定外观的帽子，因此，习语“wear many hats”指涉足许多行业，担任多种工作，特别忙。与帽子相关的习语还有：

◆ to have a brick in one' s hat 有醉意

◆ to hang up one' s hat 长时间住下来

◆ to eat one' s hat 不会发生的事情

◆ to pull something out of the hat 像变戏法似的想出什么好办法，找到一个没有意料到的办法来解决面临的困难

◆ to pass the hat 让大家捐钱为某人解决意外的灾难

◆ hat in hand 在迫不得已的情况下去求人帮忙

理解这类习语，有关帽子的常识起了作用。有关帽子的规约常识包括：帽子本身、使用、功能和身份等。理解该类习语要通过隐喻、转喻和所形成的相关知识的结合才能得以明确。总之，与帽子相关的英语习语都源自人们

对这一服饰的观察和感受，源自人类对服饰文化的各种体验。“手套”反映的是古代西方国家服饰的特色，因为中国古代没有使用手套的习俗。西方国家由手套也形成许多习语，如：throw down the gauntlet glove，“挑战”源出欧洲中世纪习俗。gauntlet 是欧洲中世纪骑士戴的用皮革和金属片制作的铁手套。骑士向别人挑战时，就摘下手套扔在地上。如果对方接受挑战，就从地上捡起手套。手套成了挑战和应战的象征物。后来人们用 glove 代替 gauntlet。由此引申出相对应的习语 pick/take up the gauntlet，表示接受挑战。由这两方面可以看出西方服饰文化的丰富多彩和独有特色。

3. 结语

与服饰相关的英语习语的三种主要认知机制及其意义的理据共同构成了习语的认知框架，这个框架为正确理解习语提供了一个新视角和方法，在人们的认知活动中发挥着积极作用，同时结合相关的服饰文化对于我们破译与服饰相关的英语习语也具有重要意义。因此熟练掌握一门语言中的习语，重要的是首先要了解作用于这一语言形成和发展过程中的社会文化和历史背景以及人们在构建习语过程中的认知模式。

二、英汉与服饰相关习（成）语转喻的产生机制

1. 引言

近年来，有关英汉习（成）语生成机制方面的研究成果越来越丰富。但涉及服饰方面的习（成）语研究则较少。服饰主要是指“衣着和装饰”。人类生活中离不开服饰，中西方服饰既有装饰美化功能又有社会功能，同时也体现了人们的认知心理，这些通过语言层面都可以表现出来。与服饰相关习（成）语（以下简称服饰习语或成语）在英汉两种语言中出现频率较高。服饰习（成）语是以服饰用语为基体，注入其他概念或思想内容，以阐明某种道理或凭借服饰用语加以延伸、转注而予以运用。英汉语中许多习（成）语或者习惯用

语都是以英汉各种服饰的名称来组成的，例如汉语中的“拂袖而归”、“囊空如洗”；英语中的“laugh in one's sleeve”，“burn a hole in one's pocket”等等。本文将就英汉与服饰相关习（成）语转喻产生的心理基础、生活经验、文化认知语境等几方面对英汉服饰习（成）语转喻的产生机制进行深入的分析，进而探讨英汉与服饰相关习（成）语之共性以及语言的普遍性。

2. 转喻及其本质

转喻的英文是“Metonymy”。Metonymy 是英语派生词，由希腊语前缀“met”（变换）和希腊语词根“onym”（名字）结合而成，意为名称的变换。基于上述解释，可以理解为转喻的基础是两事物之间存在某种联系而以一事物的名称喻指另一事物。传统修辞学认为转喻是一种修辞现象，是现实中两个密切关联的事物名称之间的相互替代，是一种语言现象，尤其是文学语言现象。随着认知科学和实验心理语言学研究的深入，人们逐渐从概念联系的角度去认识转喻的本质，这种观点的转变对后来的转喻研究产生了较大的影响。

20 世纪 90 年代以来，随着认知语言学的深入研究，转喻研究越来越受到学者们的关注。许多语言学家认为转喻是和隐喻同样重要的认知机制，是一种思维方式，是人类认识客观世界的重要手段。是一种更基本的认知和意义扩展方式。转喻作为一种概念现象首先是 Lakoff 和 Johnson 提出的，后来又提出转喻是理想的认知模型（ICM）的一种类型，从而构建了转喻认知模型，试图解释为什么人们能用一个概念转指另一个概念，奠定了在 ICM 框架下研究转喻的基础。我国学者在引介国外研究成果的基础上，对这一问题进行了较全面的阐释和讨论，并对转喻的基本特征有了一些共识：转喻是概念化的，是某事物与其他事物的邻近关系的概念化；转喻是基于邻近性的，是在概念层次上的邻近关系；转喻具有突显性，是与中西方的认知方式有关。

Lakoff 和 Johnson 认为，转喻概念如同隐喻概念是根据人的经验形成的，其认知理据甚至比隐喻概念更明显，因为转喻包含直接的、源于身体的、有缘由的联想。赵艳芳同样认为转喻是基于人类的生活体验，其实质是概念性的、自发的和无意识的认知过程，是丰富语言表达的重要手段。转喻是基于邻近性的一种认知方式。在邻近或相关联的不同认知域中，一个凸显事物代替另一个事物，比如部分与整体、容器与其内容、容器与其功能之间的替代关系。总之，人类思维是具有转喻特点的，而这些特点在英汉服饰习（成）语中多有表现。

3. 英汉与服饰相关习（成）语转喻的产生机制

转喻是一种认知现象和文化现象。考察中西方文化中转喻产生机制的共性和差异对揭示其深层文化动因，揭示语言现象中所蕴含的普遍性具有重要的现实意义。

转喻的产生机制在于其“替代作用”。支持转喻的认知基础是“概念邻接”（conceptual contiguity）以及同一认知域中源域的凸显和向靶域的映射，在同一个认知域里，部分可以代替整体，整体可以替代部分，部分也可以替代部分，因此转喻其实就是一种同一认知域内的认知替代现象。转喻产生的规律性体现在所涉及的语言现象是一种“接近”和“凸显”的关系，对这种关系的认识要依赖于人们的经验和对世界的认知。例如，“I saw her out with a skirt.”依据生活经验，裙子是女性独有的一种服饰，“skirt”由其原来的意义“裙子”转指“女人”，这就是以更为突显的服饰特征来替代其主体“人”的例证。因此，转喻的思维方式同样体现在英汉服饰习（成）语的阐述之中，并为其生成及识解的探析提供了一个全新的视角。

（1）英汉服饰习（成）语转喻产生的心理基础

转喻的性质主要体现在概念性、邻近性和突显性。转喻产生的心理基础源于20世纪30年代在德国出现的完形心理学。“将心理活动看作是有组织的整体，认为知觉过程本身具有组织和解释作用，这种组织原则即格式塔（gestalt）或完形原则”。认知语言学的认知原则就是来自完形心理学的完形原则，根据完形知觉理论，知觉分为部分知觉和整体知觉，部分知觉最后要落实到整体。完形知觉理论包括相似原则、接近原则、顺接原则、凸显原则。

转喻的心理基础是事物之间的相关性，即邻近性和突显性。在认识事物的过程中，面对物体、事物、概念所具有的多重属性，人们往往更多的注意到最突出、最易理解和记忆的属性。而对事物凸显属性的认识来源于人的心理上识别事物的凸显原则。两个事物之间存在某种形式的邻近关系，其中一个较为突显的事物就可以作为另一个事物的转喻。根据人们一定的认知思维习惯，注意力更容易被比较突显的东西所吸引，人们更容易注意和记忆事物比较突显的一面。

转喻的产生也来源于认知框架理论。20 世纪 70 年代末，Charles Fillmore 把对格框架的研究引入到认知语言学。框架具有典型的特点，许多转喻映现正是在这一基础上才得以实现的。认知框架是心理上的完形结构，转喻以框架的整体及其框架成分之间的凸显为基础，所表达的新概念与框架中的其他成分概念有着密切关系。1992 年，Charles Fillmore 定义框架为一种认知结构方式，认为框架是连接多个认知域的知识网络，这些认知域都与某个特定的语言形式相关联，是人根据经验建立的概念与概念之间的相对固定的关联模式，对人来说，各种认知框架是自然的经验类型。框架的基本特征是形成框架网络的各个角色，关系十分密切。如汉语服饰成语“削发披缁”是指剃光头发，穿上僧衣，表示出家。在出家的典型事件框架中，剃光头发，穿上僧衣是凸显的框架成分，以此来代指整个事件。

Fillmore 的框架理论还强调任何一个框架成分一经提及，可激活整个认知框架，人们正是借助被激活的框架来理解所表达的意义。例如，“be hot under the collar”人在发怒时有一连串的表现，衣领下部灼热、脸红脖子粗激活了整个事件的框架，从而得出“怒气冲天”的含义。由于中西方读者文化背景的不同，便有了框架的文化差异特性。中国人和西方人的生活经验和服饰文化背景不同，对词义的界定和理解也就可能不同，所激活的框架可能出现差异甚至截然相反。如：“throw one's hat in the ring”把帽子扔进拳击场，不了解西方“帽子”文化背景，则很难理解习语的真正含义。在 19 世纪的拳击比赛中，有人要和拳击手较量，就把帽子扔进拳击场里，准备参加比赛。这个动作激活了整个认知框架，自然而然理解为“参加竞赛或是政治竞选”之意。

显著（Salience）是知觉心理学的一个基本概念，显著的事物是容易吸引人注意的事物，是容易识别、处理和记忆的事物。转喻的显著度效应在日常生活中十分常见。转喻是在同一认知域内用突显、易感知、易记忆或易辨认的部分代替整体或整体的其他部分，或用具有完形感知的整体代替部分。通常人们用具体的突显的事物来表示一个复杂抽象的事件。人们习惯于用具体形象的思维方式来选取复杂抽象的事件中具有代表性和突显性的词语，例如，“分钗断带”，用比较形象的作为女性贴身饰物的“钗”和“带”的断裂，来指代夫妻离别。这样的成语可以指代整个复杂的事件。这种转喻的实现使得成语言简意赅而又含义深刻。又例如，“揎拳捋袖”在怒气冲冲准备动武的整个事件框架中，以“卷起袖子、露出拳头”凸显的分事件代指整个事件，具体形象，易于理解。在英语服饰习语“tighten one's belt”所表达的整个节衣缩食地度日的事件中，用勒紧腰带这个凸显的框架成分指代整个事件中的凸显事件，强调事件目的。由此可以看出，不管是转喻的突显性还是框架理论，都是转喻的相关性原则的表现。这一基础在服饰中得以充分的体现。服饰与人直接相关，是人们生活中重要的组成部分，以服饰为参照点，转指与人相关的概念，更容易识别和记忆。

（2）英汉服饰习（成）语转喻产生的生活经验

对于服装的功能，中西方在认识和侧重点上存在着明显的差异：自古以来，中国人非常重视服装的社会伦理功能，这种观念几乎贯穿整个中国历史，并以此来规范各阶层人的行为，来“治国安邦”。而西方更多注重的是服装的财富价值和审美功能。在着装观念上，中西方相比也表现出明显的区别。中国服饰文化在一定程度上可说是一种“包”的文化；而西方的衣服都夸张地表现人的体形，强化男女两性在体形上的性别特征。

人类社会的生活经验来源于人类与世界相互作用。这些基本的生活经验制约着服饰习（成）语的源域和目标域的选择。服饰与人们的生活密切相关，是人们十分熟悉的事物，由此而来的生活经验有助于服饰习（成）语的理解。人们习惯把注意力集中在周围比较凸显的事情或事物上。在这样的生活经验的基础之上，服饰成语也是选择我们比较了解的相对突显的事物作为参照点。例如，在重视等级的古代，服饰的部件或佩饰代表了一个人的社会地位，因此人们就会比较关注这一点。例如，成语“搢绅先生”中的“绅”是一种垂带，其长短区分地位高低，是一个人的身份地位的象征，因此用来转指官员。

英语服饰习语也是选择人们比较了解的相对突显的事物作为参照点。例如，“an old hat”，“a bad hat”。人们习惯把注意力集中在一个人比较突显的事物上，在人们的认知经验中，帽子这种服饰是处在最显眼、最突出的位置上，最引人注意，因此用“hat”转指人。

在英汉服饰习（成）语的转喻中，我们也会看到用具体的典型特征代表范畴，或是用典型成员代表范畴。如在用服饰表示人的情感的成语中，用典型的可以感官的具体行为动作代表某种抽象的情感，汉语成语有“拂袖而去”、“奋袂而起”、“拂衣而去”等；英语服饰习语有“have one's heart in one's boot”（绝望、消沉）“with one's pants down”（尴尬）、“as common as an old shoe”（平易近人，虚怀若谷）等。总之，人们以服饰穿着中的亲身体验来概括、比喻生活中的事物发展规律或是透过表面现象说明本质，生动形象，说服力强。

（3）英汉服饰习（成）语转喻产生的文化认知语境

认知模式受文化环境的影响，认知模式因文化而异。而文化为各种有助于形成认知模式的情景提供背景。人的认知过程中存在着文化模式。对于转喻习（成）语的理解而言，文化因素同样起着重要的作用。

中西文化差异是英汉服饰习（成）语转喻产生的基础。英汉服饰习（成）语的文化内涵丰富，是文化性的语言。中西方的传统服饰与中西方的文化联系紧密。它们的形成和发展，揭示了中西方关于服饰的习俗文化、服饰传统文化和服饰心理文化，反映出各自的人生观、价值观、道德观等，蕴含了深层的文化意蕴。

我国的服饰是一种具有特色的文化形式。我国古代服饰受到严格的礼仪制度的约束，具有森严的服饰制度。服饰的外观、颜色、材料、图案甚至佩饰部件等每一个细微的组成部分都体现出等级差异。汉语服饰成语一般是在古代形成的，作为参照点的服饰或饰件在今天可能失去了它的典型性，因此，在服饰成语的转喻理解中，文化表现得更为突出。例如，“青鞋布袜“旧时隐士不求官、不求名、不求利，主张修身养性、清静无为，终身在乡村为农民，穿草鞋和自己织制的粗袜，过着清贫简朴的生活。后来代指平民的服装。我国古代一般以穿着的衣服的材料或名称来指代这一阶级。人们所穿戴的服饰材料的差别也反映出了人们的阶级差别。平民百姓常常用粗棉纺织品等来做成衣服，较为常见的有“褐”和“布”。因此“短褐”、“布衣”常用来转指平民百姓。因此，用“青鞋布袜”、“布衣之交”等转指普通的老百姓，属于部分代整体的概念转喻。

就英汉两种语言而言，不同的文化环境导致人们选择与使用不同的喻体形式。在英语服饰习语中，人们也常借服饰指代某一类人或事物。但了解其形成的文化环境有助于认知模式的形成。例如，“blue stocking”。18 世纪 50 年代，当时伦敦有一群上流社会的男女模仿巴黎的风尚在家里约友聚会，不是为了打牌消遣，而是以文会友，谈论文艺，举行晚会。此种聚会亦有男士参加。他们衣着简朴表示他们厌恶当时流行的华丽的晚礼服。其中有一名叫本杰明·斯蒂林费利特的人，他常穿蓝色绒长袜，而不穿其他绅士们所穿的黑袜子。人们把这一群人的聚会称之“蓝长袜俱乐部”或干脆叫“蓝长袜”。此后，a blue stocking（蓝袜子）用来指附庸风雅的女人或卖弄学问的女人，也属于部分代整体的概念转喻。由此可见，不同的文化环境致使不同转喻表达式的生成。

当然，英汉服饰习（成）语也有文化相似的地方。如“a fancy pants”同汉语成语“纨绔子弟“，都用于转指有钱有势人家不务正业的子弟。英语以服饰转指穿着之人。“纨绔子弟”是现代生活中使用频率较高的服饰成语，“绔”是我国古代人们用来御寒的一种裤子，但是它与我们现在的裤子是不同的。许慎《说文解字·系部》：“绔，胫衣也。”“绔”是用来绑在小腿上的一种布，即是从膝盖到脚踝这一部分，穿在衣服的里面。老百姓一般用粗布作绔，而贵族子弟们则用上等珍贵的丝做成，因此称为“纨绔”，用衣服的材料转指浮华、不务正业的富家子弟。而“a fancy pants”同样以穿着转指穿着之人。西方人与中国人不同，向来看重个人的隐私权，他们不愿被人问及诸如婚姻、家庭、收入等个人隐私，也不会去打听别人的隐私，而且有非常健全的法律体系保障个人的隐私权不受他人侵犯。在“wash one's linen in the public”习语中，linen 一词是指人们穿的内衣、内裤。通常这种贴身的小物件是不在公开场合晾晒（或清洗）的，否则便被视为不雅，有如公开向人兜售自己的隐私。之后人们便用 linen 一词转指不宜公开的或不宜在大众场合加以议论的事情。因此，文化类转喻习（成）语的理解只有以相应的文化语境为基础，才能正确地理解她的真实含义。由此看来，英汉两文化中的认知结构不尽相同，两种认知结构虽然有些微重合之处，但差异是显而易见的。

转喻本质是概念性的，是一种认知机制；而我们的思维和行动所依赖的概念系统从根本上说具有转喻的性质。概念转喻作为理解习（成）语的认知方式，在英汉习（成）语理解过程中扮演着至关重要的角色。无论是英语服饰习语还是汉语服饰成语，需要有共同的心理概念基础及服饰常识才能使人们准确的认识事物之间的联系。根据一定的心理认知基础、共同的生活经验和服饰文化认知语境在不同的物体间建立映射，从而准确理解习（成）语的真正含义。

三、英语与服饰相关类习语的转喻阐释

1. 习语及习语的认知观

习语是一个民族语言的精粹，它具有非同寻常的表现力，但是其意义有时难以把握。对习语的研究主要有两种观点，即传统语言学观及认知语言学观。传统语言学观认为习语的意义是不可分解的，是“死喻”，强调其意义的任意性，并认为习语是独立于人类的概念系统的，其本质是语言性的。但认知语言学观则认为习语是可分解的，其本质是概念性的。人类自身的经验为各种各样的概念结构提供了经验基础。但这些认知机制又为习语的理解提供了语义理据。以往对于习语的研究很少涉及习语的系统、习语的概念、习语义的理据和习语的认知机制等。近年来，随着对认知语言学的研究深入，kovecses 和 Szabo 提出了习语认知机制的设想。他们认为，习语的本质不仅是概念的、有系统的，而且大多数习语的意义是可分析、可推导的。Lakoff 和 Johnson 认为，没有独立于认知以外的语义，也没有独立于人类认知以外的客观真理。他们认为语义是一种心理现象，语义的形成与人类概念的形成同时并举，习语的意义也不例外。与习语意义推导最为密切的认知机制是隐喻、转喻和规约常识。虽然隐喻在认知语言学研究中一直占据显赫地位，也非常受研究者的重视，但是基于人们的身体体验，触发人们联想认知的转喻（metonymy）是更基本的认知和意义扩展方式，它甚至是比隐喻更为重要、更为明显的思维方式。因此在大多数情况下转喻是隐喻映射的基础，转喻比隐喻更为普遍。转喻是构成习语意义生成的认知基础之一，其作用正像张辉强调的那样：转喻思维提高了语言使用和交际的效率。习语中包含大量的与服饰相关习语（简称服饰习语）。服饰习语是以服饰用语为基体，注入其他概

念或思想内容，以阐明某种道理或凭借服饰用语加以延伸、转注而予以运用。许多美国成语或者习惯用语都是以各种衣服的名称来组成的。本文以与服饰相关的英语习语（如带有 button，belt，collar，coat，trousers，shirt 等的习语）作为语料，一方面从概念转喻视角探讨英语习语的理解机制以及这一认知理解机制对服饰习语理解的重要作用，另一方面验证概念转喻这一语言认知手段对习语的解释力，同时也为二语习语教学提供有益的启示。

2. 转喻、概念转喻及理想认知模型（ICM）

传统观点认为转喻“是用某事物的名称替换相邻近事物名称的修辞手段”，“是一种间接的指称形式，其中一个事物用来代替另一个与其有密切联系的事物”。事物关系的本质是两个物体之间的临近性（contiguity），或者简单地认为转喻只有指称（reference）功能，甚至只是一种词语的替换方式。其实，转喻不仅是一种修辞手段，而是普遍的语言现象，其基本的思维方式，即用突显、易感知、易记忆、易辨认的部分代替整体或其他部分，或用具有完形感知的整体代替部分的认知过程。转喻以人们的经验为基础，其本质是以突显和邻近的典型特征来指代事物的认知过程，是人们丰富语言词汇，语义引申的一种重要手段。很多学者对转喻有不同的解释：Langacker 把转喻看作是参照点现象；Croft 用认知域矩阵定义转喻；Kvecses 和 Radden 认为转喻是一个加工过程；而 Barcelona 则认为转喻是同一认知域内源域向靶域的映射。以上定义分别从不同的角度揭示了转喻的含义，但无论如何定义转喻，几位学者都强调了一点：转喻思维在语言阐释中是一种高效的认知手段。基于转喻的概念本质和认知特征，认知语言学家把这一认知思维过程更确切地称之为“概念转喻”（conceptual metonymy）。概念转喻的意义在于它可以超越具体的语言层面，对转喻的生成和加工发挥广泛的原则性指导作用。

语言交流中出现大量的转喻表达是由于人们在认识实体或事件的过程中存在转喻思维。这种思维已成为一种心理机制，它构成了人类许多概念形成的基础，是人类的一种普遍认知原则。因此，所有的转喻都被 Radden 和

Kvecses 认为是具有概念的本质；很多转喻关系并非存在于语言层面，而是存在于人们的概念世界（conceptual world）中。概念转喻是一种概念现象和认知过程，在这一过程中一个概念实体或载体（vehicle）在同一 ICM 内向另一概念实体或目标（target）提供心理可及。

ICM 的概念最早由 Lakoff 提出。在认知语言学中，转喻被描写成被 Lakoff 称为“理想化认知模式”（Idealized Cognitive Model，ICM）的一种形式。一个 ICM 是一个有组织的概念结构知识域。Lakoff 和 Johnson 首先把转喻说成是一个认知过程，这一认知过程可让我们通过与其他事件的关系对另一件事件进行概念化。Lakoff 和 Turner 认为转喻是在一个认知域中的概念映现（conceptual mapping），这一映现包括的替代关系主要是指称。Lakoff 提出的理想化认知模型是由四种模型构成：命题模型，意象图式模型，隐喻认知模型（或称为“概念隐喻”）和转喻认知模式（或“概念转喻”）。

Lakoff 的转喻认知模式认为，ICM 框架能够更好地概括转喻的实质，存在于同一个 ICM 中，可以作为参照点突显事物或整体的是一种转喻关系。Kvecses 和 Radden 把转喻定义为“存在于同一个 ICM 中的一个概念实体，即喻体，为另一个概念实体，即本体，提供心理路径的认知过程”。转喻在同一认知域中用一个突显的事物来代替另一事物，比如，部分与整体、容器与其功能或内容之间的互为代替关系。“处于 ICM 中的转喻关系主要有两个概念结构：一个是整体 ICM 与各部分，另一个是 ICM 中的各部分。整体与部分的关系可以指代人和事物的转喻，部分与部分的关系产生表示事件或状态的述谓转喻。”因此我们说 ICM 框架认知模式在转喻的实质和产生过程中起着非常重要的作用。本文基于搜集到的与服饰相关的英语习语语料，主要从转喻的角度对其进行全新的阐释和分析，以期验证转喻是习语生成与理解的高效认知机制与手段。

3. 与服饰相关英语习语的转喻阐释

概念转喻是基于认知体验、构成人类思维和行动的基本思维和认知方式。

它是人类思维的重要组成部分。因此，概念转喻对人们的日常思维、交流和行为方式产生着潜移默化的影响。正是基于转喻的概念本质，所以它能够对作为概念系统产物的英语习语，尤其是具有特色的与服饰相关英语习语进行全面而充分的阐释。在概念转喻的认知框架下，对与服饰相关英语习语的分析可以印证习语的可分析性、可阐释性，进而说明概念转喻对人们日常语言的表达具有一定的作用和影响。

（1）转喻服饰习语中 ICM 的表现

在 Kvecses 和 Radden 提出的一套转喻生成关系中，转喻的生成取决于两个概念结构：整体 ICM 与各部分；ICM 中的部分与部分。整体与部分结构生成借代人和事物的转喻，而部分与部分结构主要生成表达事件和状态的述谓转喻。最常见的转喻是整体和部分之间的转喻。在第一种转喻的生成过程中，由于事物大都是由部分组成的整体，所以事物整体和组成部分在命题基础上形成 ICM 意象图式，可以互相转指，如："card up one's sleeve" 在喻指 "锦囊妙计、秘而不宣的计划" 这个概念中，包含了把一张牌放到袖子里藏起来的举止及目的这个意象图示，借此以部分代整体；在 "pull in one's belt"（忍受饥饿）ICM 中，根据认知经验，当忍受饥饿时，人们会采取各种办法抵制饥饿，其中之一是下意识地勒紧腰带，因此表达此意义时，采用了意象图式中的部分转指整体即忍受饥饿。同理在 "pass round the hat"（为遭受损失者募捐），"Run after anyone in skirts"（追求女人）类似的习语中都可发现整体与部分的互指。

英语中许多转喻习语是通过描述服装或者与服装穿着有关行为的喻体来代表某人的行为、反应、举止和目的。如：

① I have a job that involves a lot of travel on short notice. I always keep one bag packed so I'm ready to go at the drop of a hat when I get a call from the boss asking me to catch the next plane to Chicago.（一有信号就……）

② He went cap in hand to the boss and asked for work .（恭敬地）

③ She's got a bee in her bonnet about healthy eating after reading a diet book, and she's trying to make him eat a more healthy diet.（对…想得入迷，一心只想到…）

④ But he got hot under the collar when someone took his radio.（激怒的、愤怒的）

⑤ The Fireman Toy Vibrator is a perfectly disguised toy! When this Fireman sits innocently on your night stand, no one will know what's happening under his hat !（秘密、保密）

⑥ He was shaking in his shoes at the thought of flying for the first time.（吓得发抖）

⑦ He was not one to retreat but rather one who take up the gauntlet.（接受挑战、应战）

……

概念转喻是一种认知思维过程，在"like a bit of skirt"中，与"skirt"相关的概念转喻是"clothing"（服饰）这一整体 ICM 与其他次域之间的相互映射。基于这些概念转喻，由"skirt"激活人们关于服饰的认知域，提供了心里加工的途径即女人穿裙子，进而映射到"女人"，形成了与"skirt"相关的习语。典型转喻的内部运作机制是：在转喻的 ICM 内部，其目标意义在概念上应是凸显的。在"hat stands for person"概念转喻中，"a bad hat"，"an old hat"是"clothing"这一 ICM 模型中的突显部分，"hat"这一概念实体为"person"这一概念实体提供了心理认知途径，这是因为从服饰文化角度来讲，帽子是人们所拥有的一件饰物，在第二次世界大战以前，美国人一年四季都戴帽子。在那个时候，要是一个女人没有一顶时髦的帽子，她根本就不会出门。在人们的认知经验中，帽子这种服饰是处在最显眼、最突出的位置上，最引人注意。

（2）服饰习语中整体及其部分之间的转喻映现

一个概念事件中的某个环节、特征或目的指代这一整体事件。转喻映现中，某一事物或人的较为突显的一个部分可以代表整个事物或人。这类转喻通常是指某一部分在整体框架结构中处于突显的地位。这一突显的部分正好可以用来指代整体。在服饰成语中，这一部分也可称为指称转喻。很大一部分与服饰相关英语习语是用服饰的某一部件来转指人，因此，本部分的事物整体及其部分之间的转喻映现主要是通过服饰或服饰中的某一部分转指人来进行分析的。在服饰习语“an empty pocket”（没钱的人）中“pocket”是人们服饰当中的一部分，功能是用来装东西，尤其是钱。“pocket”的功能特征与其所指代的对象的关系是 the possessee for possessor，凸显了与“pocket”的功能相关联的特征，所以转指整体“人”又如：

① I never thought that he was such a bad hat.（坏蛋、不老实不道德的人）

② an old hat（愚蠢的、讨厌的老家伙）

③ George was a fancy pants.（纨绔子弟）

④ When I was a young actor，I really thought I was the cat's pajamas.（最棒的人或注意、事物等）

（3）服饰习语中事件框架的转喻映现

在认识事物时，我们知道整个事物通常是由很多部分组成的；而某个事件通常也是被看作是由很多分事件组成的。突显的部分可以表示整个事物，而凸显的分事件也可以表示整个事件，从而构成整个事件框架。如：“a feather in your cap”（值得荣耀的事、荣誉）亚洲和美洲印第安人中有这样一种风俗：每杀死一个敌人就在头部或帽子上插一根毛，以此来显示战绩与荣誉。“在头部或帽子上插一根毛”就是整个事件中的典型事件，指“荣誉、荣耀”；在句子“I have bad news: our sales were off 18% for the last quarter. So I'm telling you guys——you have to pull your socks up and get out there and sell more stuff，or you'll be looking for new jobs this summer.”中，习语“pull one's socks up”（振作起来、鼓起勇气、加紧努力）截取了一个人从疲惫不堪、失败、沮丧到摒弃失败，重新振作，继续努力事件中的一个凸显的动作来指振作起来之意。这类习语都是选取整个事件中的突显的关键部分来代表整个事件，从而使这些成语蕴含了十分丰富的意义。许多与服饰相关类英语习语都是整体事件中的分事件，其作为一个参照点往往包含所涉及的整体事件，包括事件的影响或结果等。在习语 button up（顺利完成）概念中，基于生活体验我们知道这是一个简单的动作行为，是“穿衣服系扣子”行为事件的一个组成部分，与其指代对象的关系是 the means for the result 这样的一个概念转喻。这是因为根据生活经验“在认知所熟悉的事物的时候，大脑能自动补全缺失的组成成分。”从而帮助我们推理出结果。这类习语在服饰习语中表现较多，如：

① The news spread over the town that the banker died in his boots.（死于岗位，也指横死，暴死）过去海上航行通常需要数月或更长的时间。那个时候，水手遇到风暴或海盗死于非命是时有发生的，因此“水手常常都是穿着自己日常的衣服及鞋便遭遇了不测”是整个事件凸显的结果。

② Pull down your jacket.（请镇定！不要激动！）

③ The road commissioner was arrested today for taking a bribe from the contractor he hired to build the new highway. He was caught with his pants (trousers)down, on video tape showing him accepting the money.（处于尴尬境地）

④ We were laughing in our sleeves at the teacher when he was up at the blackboard, explaining the math problem. He had a rip in the back of his pants.（暗暗发笑，窃笑）

人们常常根据一般的经验形成一个事件框架的思维结构，只是以事件发生过程中凸显的关键部分来转喻整个事件、影响以及结果。

（4）服饰习语中范畴及其典型成员之间的转喻映现

该类习语是具有隐含义的。这些习语中的典型成员存在于一个大的范畴里，使转喻映现得以体现。使一个较为抽象的复杂范畴概念，通过其突显的典型成员具体形象地被我们所认识，转喻的意义由此可以得到充分体现。范畴及其典型成员之间的关系是整体与部分、具体和类属的关系。该范畴里较为突显的部分即范畴的典型成员可以用来指代这个范畴。由典型成员指代范畴的转喻映现，在与服饰相关英语习语 follow suit（跟风，如法炮制）中，“suit”与其指代对象的关系具体表现为：范畴成员 suit（套装）转指范畴整体“各类服装”。如：Its smoking ban has sparked debate as to whether Northern Ireland should follow suit. 通过突显的典型成员具体的形象去认识一个较为抽象的复杂范畴概念，转喻的意义由此可以得到充分的体现。

（5）服饰习语中范畴及其典型特征之间的转喻映现

服饰习语是用人们对于服饰的典型动作特征来表示的，用一个简单的具体的动作来说明一个道理。这类习语是以一个范畴的突显的典型的特征来表示这一个整体范畴，是一种转喻映现的关系，也就是以一类人穿衣的显著特征来表示这一类事物和人。在习语“blue stocking”中，以穿蓝色长筒袜子这个显著特征来转指某一特别群体，典型特征转指整体即“才女、女学究、卖弄学问的女性”。即 18 世纪 50 年代，当时伦敦有一群上流社会的男女在家里约友聚会，以文会友，谈论文艺，举行晚会。他们常穿蓝色绒长袜，人们把这一群人的聚会称之“蓝长袜俱乐部”或干脆叫“蓝长袜”。white tie（白人领结，全套男式晚礼服），英文原指男士出席正式场合时，着正装所系的领结或领带；现在则指某些中国公司喜欢带外籍人士出面参加商业谈判，这些外籍人士大多为白人男性，无论是否有专业经验，只要穿上西装，打上领带，做绅士状，与人握手或用外文致辞，就能拿到高薪。又如：“grey suits”（有权有势的人；不为公众所知的当权者）。“a fancy pants”（纨绔子弟），“wear an old school tie”（校友）等。

综上所述，通过对转喻服饰习语在 ICM 的表现、整体及其部分之间的转喻映现、服饰习语中事件框架的转喻映现、服饰习语中范畴和其典型成员之间的转喻映现以及服饰习语中范畴及其典型特征之间的转喻映现几个方面的分析，我们可以看出，英语服饰习语在转喻映现关系的两大分类中都有表现，多数是整体与部分之间的转喻映现。在英语服饰习语中，转喻主要是起着指称的作用，其次是描述功能。概念转喻这一认知机制在人类语言中无处不在，是构成我们世界知识的重要组成部分，并且影响着我们的思考方式。在概念转喻框架内习语具有较强的分析性，为我们正确理解该类习语提供了理据。

4. 结语

本文基于认知语言学理论，从服饰习语角度分析了概念隐喻在语言阐释中的作用，验证了转喻思维在服饰习语阐释中具有较强的解释力。本文旨在抛砖引玉，期待更多的专家学者参与到转喻的研究中来。服饰是我们日常生活中非常熟知的事物，服饰习语的转喻性是它的突出特征。作为语言重要的一部分，英语服饰习语习得对于二语学习者来说既是必要的又是相当困难的一部分。概念转喻是英语服饰习语生成的重要理据，基于认知转喻的英语服饰习语研究能使我们更好地了解人类的思维方式，正确地理解该类习语并为二语习得研究提供新的视角，也为英语习语教学带来一定的启示。

四、英语习语中颜色词的认知阐释

每门语言都有大量的习语，没有习语的语言是不可想象的。英语学习中，不使用习语就很难用英语说话或写作，因此，英语习语是英语语言的精华。现代英语的大趋势有习语化的倾向。英语习语是英语民族在长期的社会实践中积累下来的一种约定俗成的特殊语言形式，折射出英语民族悠久的历史和缤纷的现实。而带有颜色词的习语大量存在于英语习语中，如：look black，yellow book 等，它已成为语言词汇的重要组成部分。近 20 年来，学者从文化语言学、社会语言学、认知语言学等角度对颜色词进行了研究，这些研究极大地拓宽了我们对英语习语中颜色词系统内部机制和外部功能的了解。但就研究现状而言，从文化语言学角度对颜色词的研究比较密集，而认知语言学角度的研究相对缺乏深入，对英语习语中颜色词的深层次探讨还不够充分，可供参阅的文献资料甚少。本文拟从认知语言学的概念隐喻、概念转喻角度出发，讨论英语习语中颜色词的理解机制。带有颜色词的英语习语（以下简称“英语颜色习语”）的来源涉及西方民族文化生活，借助认知机制理解这类习语有助于了解英语颜色习语的文化渊源、文化本质以及颜色文化的内涵，进而准确掌握其意义。

本章主要以《美国英语习语与动词短语大词典》以及网络所收集的带有颜色词的英语颜色习语为研究对象。我们从这两个渠道选取了部分含颜色词的英语习语，在对其进行考察和梳理的基础上，试从认知角度做出全面系统的解析，以使人们能够更准确地理解颜色习语，并能在社会语言生活中正确使用。

1. 习语与认知观

习语是人类语言中非常普遍的现象。习语语法独特，数量浩瀚，引起研究者的广泛兴趣。习语是指某一语言在使用过程中形成的独特的固定的表达形式。就其广义而言，谚语（proverbs）、箴言（mottoes）、俗语（colloquialisms）、俚语（slang）及典故（allusions）等都可纳入习语（idioms）的范围，大致相当于汉语中的“成语”。习语具有整体性、约定俗成性、固定性和隐喻性的特征。传统语言学认为：习语是一种死喻，是约定俗成的固定表达且是不可分析的。而认知语言学则认为：习语是概念系统的产物，与人类的认知是息息相关的，是可理解的。英语颜色习语蕴含着复杂的认知机制，其喻义需要运用实际生活经验中一系列概念系统，即概念隐喻、概念转喻才能反映出来，这一观点得到了多数语言学家的认可。与此同时，这种认知机制能够帮助人们了解颜色习语中的颜色文化内涵，从而推导出习语的正确含义。

认知语言学是20世纪90年代形成并日益发展起来的。随着语言学理论的更新，对习语喻义的研究、分析和解释也经历了从传统视角、文化视角到认知视角等多方位的发展。众多认知语言学家认为习语的意义产生于人的认知结构，习语的生成机制与概念结构的映射是密不可分的。Lakoff 等认为有一些概念直接来源于我们的生活经验，因为这些经验在概念形成之前就已存在，而且具有直接意义。而另外一些抽象的概念则以间接的方式获得，因此，认为习语至少是在三种认知机制的基础上产生的，即概念隐喻（conceptual metaphor）、概念转喻（conceptual metonymy）和规约常识（conventional knowledge）。人类自身的经验为各种各样的概念结构提供了经验基础。而这些认知机制，如概念隐喻和概念转喻，又为习语的理解提供了语义理据。正确理解习语的认知机制有助于外语学习。本文依据概念隐喻、概念转喻以及规约常识三种认知机制试图通过示例分析，结合颜色文化阐述英语语言学习中颜色习语喻义生成、发展的内在机制和认知性理据。

2. 英语习语中颜色词的认知阐释

颜色词是表示各种不同颜色或色彩的词语。颜色词是一类特殊的词群，它的特殊性是由它所概括的对象、颜色的特殊性造成的。颜色习语作为语言词汇系统中的特殊类聚，有着鲜明独特的个性和突出的历史传承性。对习语颜色词的研究能进一步阐述颜色词符号系统及其颜色文化的内涵。

（1）英语颜色习语与概念隐喻

隐喻不仅仅是语言的，更重要的是思维的，是人们认知周围世界的思维方式。隐喻是人类对世界的看法，可以用不同义域的概念来表述，一个义域的概念可以被另一个义域的概念隐喻化。隐喻既是一种语言现象更是一种认知现象。Lakoff 和 Johnson（1980）认为隐喻是参照一个知识领域去理解另一个知识领域。前者称为源域（source domain）；后者称为目标域（target domain）。隐喻的基本机理是将源域的结构部分地、单向地映射到目标域之上，是不同认知域间的映射。隐喻映射的工作机制即词或习语意义的扩展是以“经验基础”（empirical basis）为前提的认知“推理”（reason）。其本质是通过具体事物来理解、体验和经历抽象事物。

概念隐喻是源域和目标域之间部分特征的投射映现，这意味着用一个范畴的认知域去建构或解释另一个范畴。目的是以已知喻未知，以简单喻复杂，以具体喻抽象。隐喻的特点是源域和目标域之间的相似性，即通过说明另一件可以与其相比的事来描写某事。我们用颜色域去理解和表达其他认知域的事物或概念，也就是颜色的产生。隐喻所涉及的是一种相似关系，而这相似并非事物间的直接相似，其实质是人们对它们产生的相似联想，颜色隐喻认知的相似性就是由颜色引起的心理意象与颜色词所修饰的事物。

当我们用颜色的基本范畴去表达和解释其他认知域的范畴时，便形成了颜色隐喻认知。在西方，"black" 往往会让人自然而然地联想到"黑暗、葬礼、邪恶，内心会感到压抑、悲伤、恐惧"。当我们用"black"这一基本范畴来描述与解释一些本没有颜色的"悲伤的、非法的事物、邪恶的行为"时，便形成了颜色隐喻认知，从而对这些事物有了真实而形象的认识。例如，带黑色颜色词的英语习语：blackmail（指敲诈、勒索）、black lie（指不可饶恕的谎言）、black sheep（指败类，或害群之马）、black memory（指对死者悲痛的）、black dog（忧郁、不开心的人）、black leg（骗子）等。如：

①I thought he was trying to blackmail me into saying whatever he wanted.（我认为他试图敲诈我以满足他的要求。）

以"blackmail"这一习语为例，我们知道"mail"是没有颜色的，在这里通过从源域"黑色"到目标域"非法的手段、邪恶的行为"的投射，形成了"敲诈、勒索"这一隐喻。用"black"描述本没有颜色的"mail"，其心理相似性是指两者都有非法的心理意象。该习语最早指苏格兰农民向苏格兰边界的强盗和匪徒支付勒索款额以免被劫的行为。在隐喻结构中，两种通常看来毫无联系的事物被相提并论，是因为人类在认知领域对他们产生了相似联想，因而利用对两种事物感知的交融来解释、评价与表达他们对客观现实的真实感受和感情。又如：

② I'm browned off，sitting here all day with nothing to do.（我很厌烦坐在这里无所事事。）

③ This was the time of what was called the "brown-out"，when the lights in all American cities were very dim.（当时是所谓“部分灯火管制”时期，美国所有城市里的灯光都非常暗淡。）

④ He blacked out the words he didn't want.（他涂掉不想要的词。）

由于隐喻认知与文化模型密切相关，各民族的文化背景、历史背景及所处的自然环境的不同，反映在各语言中的颜色隐喻也就不尽相同。如：

⑤ People are well dressed on red-letter days.（在喜庆的日子里，人们身着盛装。）

“red”通过从源域“红色”到目标域“醒目、高兴、奔放”的投射，产生相似性的联想，形成“喜庆的”这一隐喻。西方红色是圣诞常用的一种颜色。用“red”描述“letter”，其心理相似性是两者都具有醒目、高兴的心理意象。

（2）英语颜色习语与概念转喻

转喻映射以事物间的邻近性为基础，在一个事物包含的多种属性中，最突出并容易记忆和理解的属性往往能引起更多的关注。如具体物体的色彩，转喻所涉及的是一种“邻近”和“凸显”的关系。于是凸显的部分就代替了其他经历了这一转喻过程的词语。如：

① Such is human nature in the West that a great many people are often willing to sacrifice higher pay for the privilege of becoming white collar workers. 这是用部分指代整体的转喻用法。

概念转喻是基于认知体验、构成人类思维和行动的基本思维和认知方式。所以它能够对作为概念系统产物的英语颜色习语进行全面而充分的阐释。不同的颜色所产生的生理、心理效应及其在社会中的价值观念是有差异的。颜色的相关性联想意义正是在此基础上，通过两个或多个感官之间进行的映射所构成的意义内容。

概念转喻是人们利用某事物易被熟知或感知的方面来代替该事物的整体或事物的另一方面或部分。部分颜色词来自某种具体物体的颜色或具有某种颜色的物体。由事物之间存在的相关性联想而产生的转喻认知方式，在英语颜色词文化意义的形成中发挥着重要的作用。如：

② They had to accept the blue pencil of the censor.（他们不得不接受审查员的修改。）

通过“blue pencil”具有某种颜色的物体进行相关性联想，凸显其“行为目的”，形成了新的认知方式，即以被熟知的方面“用蓝色笔校订”代替事物的另一面，即“删改”，此习语源于美国编辑通常用蓝色铅笔来删改稿件的习惯。此外，各种事物所表现出的色彩特征常常成为人们在指称某一类事物时关注的焦点。例如，

③ We are able to respond very quickly as we have no red tape，and no need for higher management approval.（我们能非常快速地做出反应，因为我们没有繁文缛节，没有必要接受高权限的管理审批。）

人们可能不记得某个政治文件的内容，但却会比较深刻地记得文件封皮的颜色是蓝色或是红色的，这在一定程度上说明人们视觉上的色彩感知具有很高的突显特征，且较易给人们留下深刻的感知印象。通过“red tape”进行相关性联想，官方使用红带子捆文件，进而联想到官方文件，通过官方文件特征联想到“繁文缛节、官样文章、烦杂费事的手续、官僚的形式主义”等意义。

颜色有十分悠久的历史与丰富的内涵。通过隐喻、转喻等认知模式来观察颜色词的多义现象更容易使人理解其内涵，运用相似联想和相近联想，将已知的、具体的颜色概念投射到未知的、抽象的概念，势必会大大丰富英语颜色词的意义和用法。

（3）英语颜色习语与文化常识

构成习语认知机制除了概念隐喻和概念转喻以外，还可借助规约常识，即共有文化常识对习语进行分析推导。规约常识是指一定文化群体所拥有的一定概念域所共有的知识或信息。在理解英语颜色习语过程中，利用西方颜色文化知识去理解较抽象的意义，并结合西方历史、生活、文化认知

机制是破译颜色习语意义的关键。

有关颜色的文化常识在理解这类习语时起着重要的作用。理解该类习语要通过隐喻、转喻和所形成的相关知识的结合才能得以明确。如：

① As the owner of the factory I'm like the head of a family, and as such I can't allow any black sheep among my employees.（我在厂里好比是一家之主，我不能容忍那种害群之马。）

"black sheep"字面上的意思是"黑羊",实际是指集体中的败类、败家子。它源于英国古代的迷信。传说过去英国人认为黑色羊毛的羊羔是魔鬼的化身，因此牧羊人总觉得一只黑羊挤在一群白羊中很不吉利。黑色的羊毛也值不了多少钱,被当成无用的东西。这样"black sheep"就转义为"无用之人，败家子"。

历史上有几个 Black Thursday：1851 年 2 月 6 日的星期四，当时澳大利亚发生了一场特大森林火灾，火到之处，一片焦黑；1929 年 10 月 24 日星期四，纽约股票交易所当天大幅下挫，触发 1930 年代的大衰退。1943 年 10 月 14 日，也是个星期四，美德空军在德国史温盗佛镇上空发生激战，两败俱伤，史称该日为 Black Thursday。无论哪一个，"black"都与"灾难、失败等"具有相关性，以颜色转指事件结果"倒霉的一天、不幸的一天"。又如：

② He had neglected to ask his consulting colleagues why none of them had ads in the Yellow Pages.（他没有想过去问一下那些咨询顾问的同事为什么他们没有在黄页上打广告。）

"yellow book（Yellow Pages）"并不是指汉语中的黄色书刊，而是指常见于美国商店或家庭用的黄色纸印刷的商业分类电话簿。不了解相关的文化背景知识也会产生认知理解障碍。

人类对颜色的认知是逐步发展起来的，既与人的生理机制有关，更与语言文化的演变密切相关。运用认知手段对颜色习语进行解读，可以使我们对一些事物的认知更加真实、鲜明而生动。英语颜色习语的两种主要认知机制及其意义的理据共同构成了习语的认知框架，这个框架为正确理解颜色习语提供了一个新视角和方法，与此同时，规约文化常识在人们的认知活动中同样发挥着积极作用。总之，通过对英语习语中颜色词的认知解读，可以加深对人类颜色的认知理解，同时对外语教学有所启发。

五、与服饰相关汉语歇后语的认知解读

自 1920 年以来，歇后语作为一种自然语言现象一直是学者们研究的焦点之一。他们从多角度对歇后语进行了细致的描述，取得了大量的成果，尤其是近十年来，国内对歇后语的各方面研究都有较深入的探讨，围绕歇后语的性质、名称、内容、翻译、语法结构、修辞等方面展开研究，取得了一些共识，即歇后语前后两部分是“引子——注释”的关系。但总体上对歇后语内在的认知机制研究仍然尚少，同时目前还没有对汉语服饰歇后语的专门研究。本文尝试结合服饰文化，依据概念整合理论（Conceptual Blending Theory，CBT），对汉语服饰歇后语进行认知解读研究，以求得到对该类歇后语合理的解释，丰富我国汉语语言研究。

1. 概念整合理论的内容

服饰歇后语的解读涉及服饰文化，是在给出的显性信息中对概念进行合成和推理的结果，服饰文化语境在该类歇后语成功解读过程中起着重要的作用。概念整合理论结合服饰文化语境可以从动态的角度探讨服饰歇后语背后的形成过程，有利于我们认识、理解服饰歇后语。

概念整合理论（conceptual integration）又称为合成空间理论，简称为合成理论（blending）。这一理论发源于心理空间理论，其正式提出首见于 Fauconnier。Fauconnier 的“概念整合理论”是在“心理空间理论”基础之上提出来的，并对其做了进一步的发展和完善。概念整合就是将两个或两个以

上空间中的部分结构整合为合成空间中带有层创特性的一个结构。众多认知语言学家皆认同“blending is everywhere”（整合无处不在）。概念整合理论具有高度的阐释力，揭示了人们思维活动的认知过程，是人类一种基本的认知方式。Fauconnier 认为概念整合是我们看待世界和建构世界的必要方法。概念整合理论为人们解读复杂的语言形式提供了认知语言学上的途径，从而突破了传统语言学的解释方法。如图所示，在概念整合过程中，输入空间 1 和输入空间 2 首先通过跨空间映射（cross-space mapping），将两个输入空间有选择地投射到第三个空间，即投射到层创结构（emergent structure）的整合空间；其次，输入空间中的成分和结构有选择地进入整合空间，形成在一定程度上区别于原有输入空间的概念结构。例如在“a is b”中，a、b 分别属于不同域，在类属空间里为来自两空间的相似特征，整合空间表现为 a、b 域的不同引起了对两个空间的相似特征的选择性思维，反映了一种动态的创造性认知活动。概念整合理论包含五个主要特征：跨空间映射、来自输入空间的部分映射、类属空间、层创结构和事件的整合。

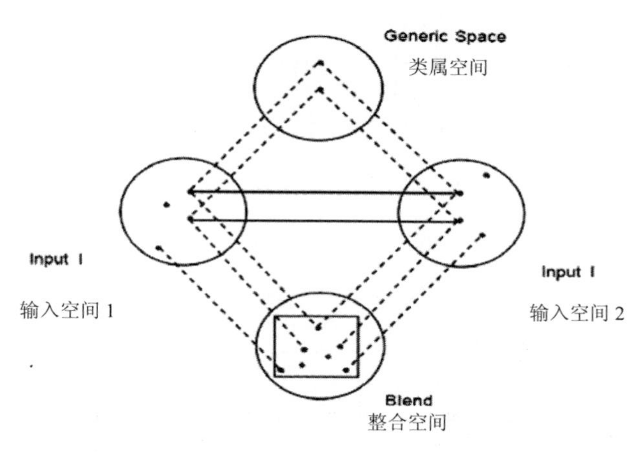

附图 1　概念整合图

概念整合过程也可以分为三个基本过程：①构建过程（composition），即由输入空间投射到整合空间的过程；②完善过程（completion），即输入空间的投射结构与长期记忆中的信息结构相匹配的过程，它是层创结构内容的来源；③扩展过程（elaboration），即根据它自身的层创逻辑，在整合空间中进行认知运作的过程。

Fauconnier 的概念整合空间模式既重视语境的作用，又能从简单的空间结构揭示意义构建过程的动态性，阐释了语言意义动态生成的空间机理，对动态的思维认知活动具有说服力和解释力，可以用来解释多种语言现象。

2. 与服饰相关汉语歇后语的认知阐释

歇后语是一种短小、风趣、形象的特殊语言形式，集中反映了中国劳动人民的智慧。歇后语属于熟语的范畴。歇后语包括动物歇后语、人物歇后语、军事歇后语等。与服饰相关汉语歇后语（以下简称“服饰歇后语”）也是歇后语中的一种，如“白布做棉袄——反正都是理（里），裤子套着裙子穿——不伦不类”等，它通常由两部分组成，前面通常称为“引子”，又称“源域”，是话语交际中的显性表述，主要是对服饰及与各种服饰相关的经验、行为、状态、特征等加以描述，给听话人提供生活中与服饰相关的背景知识，是说话人大脑中的不完备表述；后面部分“注释”是对该歇后语进行解释，是隐性表述，是说话人真正要表达的意向。

在古代文献《汉书》、《后汉书》中，服饰是作为衣服和装饰的意思出现的。《中国汉字文化大观》定义服饰词语为：戴在头上的叫头衣；穿在脚上的叫足衣；穿在身上的衣服则叫体衣。《现代汉语大辞典》中服饰解释为服装、鞋、帽、袜子、手套、围巾、领带等衣着和配饰物品总称。本文服饰概念主要指除了传统意义上的头衣、体衣、足衣等衣着外，还包括与之相关的衣着配饰、缝纫工艺、丝染织品等物品。

服饰歇后语在日常生活中随处可见，常常是借助服饰文化语境来判断歇后语中的目标域。由于服饰歇后语是来自人们与服饰相关的生活经验，所以在使用歇后语的过程中，人们会自然地联想到自己熟悉的与服饰相关的知识、文化与经验，并构建起相对应的心理空间，与所使用的话语空间互相整合，最终完成该类歇后语的构建过程，因此，概念整合理论通过四种心理空间的结合可以更好地解释这种语言现象。本研究正是通过运用概念整合理论，以一个全新的视角理解和揭示服饰歇后语的意义构建和认知机制。下面以服饰歇后语为例，分析说明其中的动态意义构建过程。如与裤子相关的歇后语：

（1）绣花被面补裤子——大材小用

这个歇后语的两个输入空间分别包含不同的元素：绣花被面和裤子，它们有不同的组织框架，不同的服饰文化背景：输入空间 1 里的绣花被面指精致、精美、昂贵的绣花丝织品。一张真丝绣花的被面，昂贵且尽显华丽雍容的气质，极具中国古朴风情，代表精致、昂贵、大。输入空间 2 提及的“裤子”起遮羞、保暖作用的一种服饰，代表粗制、普通、小。类属空间包含了这两个组织框架，所以类属空间就是：精致、华贵丝织品和粗糙、普通布的代表。两个输入空间部分投射构成合成空间：精致的绣花丝质大被面用来缝补已经磨破小洞的粗布裤子。两个输入空间组织框架的截然不同甚至相互冲突为创造性的联系提供了空间。

借助此例我们既可以看到，歇后语的理解和意义的建构与中国古代的服饰文化有着密切的联系，同时又能发现歇后语中丰富想象背后的逻辑和智慧的认知依据。如：

（2）脱了裤子打老虎——不要脸，又不要命

（3）抬棺材的掉裤子——去羞死人

例（2）（3）歇后语中，输入空间里的“裤子”都涉及了“裤”服饰文化中的功能，即遮羞功能。该空间元素“脱了裤子”“掉裤子”与“脸面”有关，另一空间“打老虎”“抬棺材”与“命”和“死人”有关，两个空间部分元素投射构成一定的合成空间，经过认知扩展自然达到理解的目的。在服饰文化背景下，合成理论为我们提供了动态的理解机制。除此之外，与裤子相关的歇后语还有：

脱了裤子打扇——卖弄风流

撕衣服补裤子——于事无补；因小失大

袜子改长裤——高升（比喻官位又得到了晋级）

卖裤子打酒喝——顾嘴不顾身

截了大褂补裤子——取长补短

紧着裤子数日月——日子难过

以上歇后语源域中“裤子”除涉及了“裤”服饰文化中的遮体保暖功能外，还涉及与裤子相关的生活经验、行为、状态、特征等。

许多歇后语的阐述情境是虚拟或夸张的，但仍然与服饰、与服饰相关知识、惯例、生活经验等有关。

（4）飞机上晒衣服——高高挂起

歇后语“飞机上晒衣服——高高挂起”框架中的角色包括：晒衣者、晒衣服的场所、晒衣服的高度。该歇后语的意义建构借用了在飞机上这一场所。理解这条歇后语首先要创设一个虚拟的情境：在飞机上晒衣服。首先看人处于飞行状态的飞机中，人在高空。然后来看“晒衣服”。上述歇后语的输入空间一个是“坐飞机晒衣服”里所提及的“飞机”，另一个是“晒衣服”。因此可以参照如下的概念整合分析：

与衣服相关的歇后语还有：

乞丐的衣服——破绽多

狗熊穿衣服——装人样

熨斗烫衣服——服服帖帖

棒槌缝衣服——当真（针）

借票子做衣服——浑身是债

染匠的衣服——不可能不受沾染

大路边上裁衣服——有的说短，有的说长；旁人说短长

与衣服相关歇后语输入空间 1 都涉及衣服的主体、围绕衣服以及缝制衣服的一些生活行为、经验等元素，输入空间 2 往往是衣服的统称或者是破烂衣服等特定的衣服，两个空间元素通过跨空间映射或部分投射构成一定的合

成空间，最后在合成空间里进行一系列的复杂认知活动并进行扩展，即输入空间 1 中的有关穿衣主体的特征等加入到输入空间 2 中的抽象框架里，于是空间 1 中的特征在合成空间中与输入空间 2 中的一些特征进行融合，在我们已知的服饰文化背景下，形成了对歇后语寓意的认知理解。

（5）穿汗衫戴棉帽——不知春秋

例（5）歇后语为我们提供了一个鲜明而简洁的框架来理解对季节混淆不清的情景。“汗衫”最初称为“中衣”和“中单”，后来称作汗衫，据说是汉高祖和项羽激战，汗浸透了中单，才有“汗衫”名字的来历。现在的汗衫与古代的汗衫式样质地均不同，可仍称作汗衫是因为它们都有吸汗的功能，多为夏季穿着。输入空间 1 为“吸汗单衣、热、夏季”；输入空间 2 为“棉帽子、冷、冬季”。两个输入空间经过认知推理，寻求匹配的部分投射到合成空间，经组合、完善、扩展得到层创结构——根据服饰经验，夏季的服饰是无法与冬季的服饰一起搭配的。再结合语境，得出它的引申义“不知春秋”。除此之外，与帽子相关的歇后语还有：

拿着鞋子当帽子——上下不分

拿着草帽当锅盖——乱扣帽子

蛤蟆戴帽子——充矮胖子

戴着帽子亲嘴——差得远

戴特大帽子穿胶鞋——头重脚轻

铁人带钢帽——双保险

与帽子相关歇后语的输入空间 1 常常是除帽子以外的其他服饰物体、非人的帽子主体或者涉及帽子的一些行为、经验等元素，输入空间 2 则通常是帽子统称或者特种帽子，把来自两个输入空间的不同认知域的框架结合起来，引起对两个空间的相似特征的选择性思维，激活一系列与帽子相关的服饰行为、活动或经验，读者很容易达到了认知理解。

汉语中与不同服饰相关的歇后语有很多，如与棉袄相关的歇后语：

新棉袄打补丁——装穷

五黄六月穿棉袄——摆阔气

三伏天絮棉袄——闲时预备忙时用

与腰带相关的歇后语：

腰带拿来围脖子——记（系）错了

裤腰带挂杆秤——自称自

稻草绳做裤腰带——尴尬

与背心相关的歇后语：

驼子穿背心——遮不了丑

烂袜子改背心——小人得志（之）

穿背心作揖——露两手

与裙子相关的歇后语：

仙女的裙子——拖拖拉拉

下雪天穿裙子——美丽又动（冻）人

数九寒天穿裙子——抖起来了

破麻袋做裙子——不是这块料

裤子套着裙子穿——不伦不类

在服饰歇后语中，还有一类谐音服饰歇后语，如：

棒槌缝衣服——当针（真）

鸡戴帽子——冠（官）上加冠（官）（比喻官运亨通，连连晋级）

白布做棉袄——反正都是里（理）

背心藏臭虫——久痒（仰）

在“棒槌缝衣服——当真（针）”中，共有两个输入空间，分别是输入空间1“棒槌缝衣服”，输入空间2“当真（针）”。“棒槌缝衣服”的概念意义为：用棒槌缝衣服，把棒槌当作针。这一被激活的背景知识连同新组合共同投射到合成空间，从而完成了整合的第二步：完善。在合成空间，“当真”和“当针”合成了一个空间，因为不是同一个概念而不能合为一体，但是它们的读音“dang zhen”是一样的，这种相似性和矛盾性的共存就产生了不同于两个输入空间的层创结构，从而构建新的意义，这标志着完成了概念整合的最后一步：扩展。三个步骤的结果就构建了一个合成空间：人们通过“棒槌缝衣服”这一生动而形象的语言表达的是“当针”而不是“当真”。同理，“鸡戴帽子——冠（官）上加冠（官）、白布做棉袄——反正都是里（理）、背心藏臭虫——久痒（仰）”中的“冠”“里”和“痒”分别与“鸡”、“棉袄”和“臭虫”相关联：“官”“理”和“仰”分别与“冠”“里”和“痒”的读音相同。通过谐音的方式完成了该类歇后语意义的生成。

当然，理解服饰歇后语离不开概念合成理论的支持，更离不开源域中所体现的服饰文化背景。结合服饰歇后语源域中所体现出来的服饰文化性，也可将服饰歇后语概括为：

◆ 以服饰功能为源域的歇后语如：腰带拿来围脖子——记（系）错了；头穿袜子脚戴帽——一切颠倒；夏天的袜子——可有可无

◆ 以服饰生活经验为源域的歇后语如：紧着裤子数日月——日子难过；撕衣服补裤子——于事无补；因小失大

◆ 以服饰传统惯例为源域的歇后语如：爷爷棉袄孙子穿——老一套；白布做棉袄——反正都是理（里）

◆ 以服饰搭配为源域的歇后语如：有衣无帽——不成一套；背心穿在衬衫外 ——乱套了；裤子套着裙子穿——不伦不类

◆ 以服饰材料为源域的歇后语如：绣花被面补裤子——大材小用；破麻袋做裙子——不是这块料

◆ 以固定人物为源域的歇后语如：济公的装束——衣冠不整；玉帝爷的帽子——宝贝疙瘩

……

理解该类歇后语需要借助引子，即源域中的服饰文化语境来判断歇后语的目标域，结合人们所了解的各种服饰的文化性，激活所熟悉的与服饰相关的知识、文化与经验知识，并构建起相对应的心理空间，与所使用的话语空间互相整合，从而正确地理解服饰歇后语的意义。

服饰是与人类生活息息相关的事物，汉语与服饰相关歇后语是汉语物质文化的重要组成一部分。除具备其他类歇后语普遍特征外，服饰歇后语具有自己独特的服饰文化特征。理解服饰歇后语需要注意“源域”中各种与衣、帽、裤等服饰相关的事态、行为、活动、经验等元素，激活一系列相关知识背景，经组合、完善、扩展得到层创结构，最终达到认知理解。由于服饰歇后语研究需要理论框架的同时，更需要有大量的语料以及细致的分析，因此该领域的研究是一个完全有待于深入挖掘的课题。概念整合理论作为认知语言学的重要理论之一，为服饰歇后语的研究提供了理论基础，以及较强的解释力，因此概念整合理论已成为服饰歇后语解读研究的重要视角。

六、服饰与人物称谓

人物称谓，包括称呼他人和对人自称。在有着数千年文化传统的礼仪之邦的中国，人物称谓在社会生活中经过历代传承，已经成为一种社会习俗。通过探讨服饰人物称谓的服饰文化内涵，我们不仅可以加深对中国服饰文化内涵的理解，而且还可以了解、体会和观察到中国传统服饰文化中封建社会的阶级观念和等级差别。

中国古代的服饰显示了服饰穿着者的尊卑贵贱或性别职业差异，故不少服饰词语成为某类人物的代称，有的甚至通用至今。

中国是一个文明古国，同样它的服饰也历史悠久。中国古代封建社会中不同阶层的人因穿着的不同而拥有不同的受尊敬程度，所使用的不同称谓形式可以揭示一个人的社会地位和阶级属性。本章将在概念转喻视角下，对服饰人物称谓进行认知解读，旨在更好地理解服饰词语与人物称谓之间的关系，从而丰富认知视角下的服饰文化与服饰语汇研究。

1. 概念转喻的理论概述

转喻是概念性的，也是一种基于人们基本经验的认知机制。转喻的功能是指称。转喻体现的是事物某一方面特征的邻近和突显关系。Klvecses 和 Radden 认为,转喻是同一领域内(或 ICM,即理想认知模式)一个概念实体(本体)提供通往另一概念实体(喻体)的心理通道的认知机制。转喻的认知域(或 ICM ）可被看作一个由各部分或各概念实体组成的整体，由此转喻有两种方式：整体部分之间的关系和整体内部各部分之间的关系。

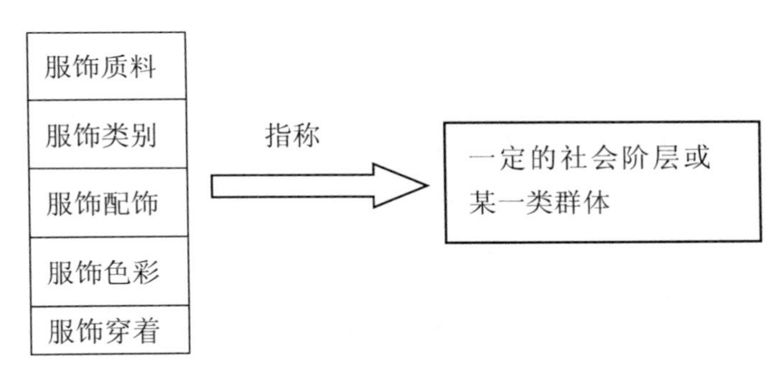

附图 2　服饰人物称谓图示

2. 服饰人物称谓的认知转喻解读

服饰称谓的本体是人。服饰人物称谓中包含了大量的转喻思维方式。在人作为事件整体 ICM 与其部分之间的转喻中，人们所穿服饰的某一方面特征在这些称谓词里得到了突显。通常服饰称谓图示为：以服饰质料、服饰配饰、服饰色彩和服饰穿着方式等转喻某一类人。如图 2 所示，这类转喻涉及一部分人和服饰质料、类别、配饰、色彩等服饰特征，这些转喻试图通过 ICM 的某个部分去理解另一部分，包含的概念转喻是部分代部分。

基于人事件 ICM 中一部分人与服饰特征之间的转喻关系，文章将服饰人物称谓词大致分为服饰质料代人物、服饰配饰代人物、穿着方式代人物、服饰色彩代人物和服饰类别代人物五类，并结合语言实例进行阐述，进一步证实概念转喻认知机制对理解服饰词语与人物称谓关系的重要作用。

（1）以服饰质料转喻人

在日常生活中，不同阶层的差别是通过凸显服饰质料体现出来的，以服饰质料转喻人，体现的是特征与范畴，即部分与部分的转喻关系。因此有服饰质料的转喻应是服饰称谓词里数量最多的，服饰质料生动形象的表示人的称呼，同时也折射出人们的阶级属性。如：

布衣：麻布之类的衣服。因布衣是平民的衣着，故代指平民。范畴指事物在认知中的归类，一种事物相类似成员可以构成一个特定的范畴。平民这个范畴的服饰质料特征通常是麻布，平民贫穷，只能用低贱的织物缝制衣服，以质料特征转指人。其他例子还有：

褐夫：褐是麻毛织品，质地较次，是穷苦人穿的衣服。褐夫代指贫民。是广大的下层劳动人民的主要服饰。

麻衣：麻衣即布衣，但词义有所不同。古代读书求官的士人一般都穿麻衣，所以，古时候把“麻衣”作为赴试求官的人的代称。

纨绔：纨绔是古代一种用细绢做成的裤子。古代富贵人家的子弟都身穿细绢做的裤子，因此，人们常用纨绔来形容富家子弟。

在封建社会里，服饰的社会功能被传承下来，统治阶级往往为不同等级的人制定不同的服饰及其质料，借以区别其社会地位。

（2）以服饰类别转喻人

在古代，不同的社会阶层和不同的社会分工，服饰穿着也不同。一个人与其他人的不同穿着凸显了两者不同的社会阶层群体。事物之间的凸显性是转喻的基础。在人作为事件 ICM 中以特定的服装转指人物，体现的仍然是部分代部分的认知关系。如：秦时平民用黑巾裹头，称作“黔首”，代指平民。“袍泽”是古代士兵所穿的衣服，故代指将士、战友。“袈裟”是和尚穿的斜襟对开服，故代指和尚。

（3）以服饰配饰转喻人

在人们日常生活当中，服饰配饰也能反映出人们社会地位的差异。服饰配饰是服饰中重要的一部分，凸显一个人服饰美的观念与品位。如：

巾帼：古代妇女戴的头巾，故代指妇女。在人作为事件 ICM 中以特定的服饰配饰转指某一类人，体现的仍然是部分代部分的认知关系。在下例中，

◆ 韦带：熟牛皮制的腰带。普通平民系韦带，故代指平民。

◆ 黄冠：黄色的束发之冠。因是道士的冠饰，故代指道士。

◆ 金貂：汉以后皇帝左右侍臣的冠饰，故代指侍从贵臣。

◆ 缙绅：官宦的代称。

◆ 裙钗：唐以后用裙钗代指妇女。

◆ 珠履：缀有明珠的鞋子。战国时楚国春申君有食客 300 多人，凡是上等宾客，穿的鞋子都缀有明珠，“珠履”成了豪门宾客的代称。

上例中的称谓都是以配饰转指特定的群体，体现出以部分代部分的关系，从而使人们能够清晰地理解这些称谓的本身含义以及它们的社会意义。

（4）以服饰色彩转喻人

服饰色彩的不同同样反映的是阶级属性的差异。在古代，通常以服饰的颜色作为区分社会成员身份贵贱的手段。任何人在服色方面的错乱都意味着“罪”，从而使颜色逐步具有地位尊卑，阶层高下的文化特性。至隋朝之时，不同品级的官员之间，服色被严格区别开，规定五品以上的官员可以穿紫袍，六品以下的官员分别用红、绿两色，小吏用青色，平民用白色，而屠夫与商人只许用黑色，士兵穿黄色衣袍，任何等级都不得使用其他等级的服装颜色。至唐时，所有社会成员的等级身份、大小官员的品秩序列都显示得清清楚楚，从此正式形成由黄、紫、朱、绿、青、黑、白七色构成的颜色序列，成为封建社会结构的等级标志如：

◆ 黄裳：太子的代称。

◆ 黄衣：道士穿的黄色衣服，故代指道士。

◆ 紫衣：贵官。

◆ 朱衣：官员。

◆ 青衿：也作青襟，古代读书人常穿的衣服，故代指读书人。

◆ 青衣：古代婢女多穿青色衣服，故代指婢女。

◆ 白丁：古代平民着白衣，故以白丁称呼平民百姓。或以白衣、白身称之。

在人物称谓中，都是以某一群体服饰色彩转指该类群体，体现出转喻机制和转喻思维在理解服饰色彩词与人物称谓中的重要作用。

（5）以服饰穿着方式转喻人

服饰穿着方式所反映的不同的人物称谓，如：

左衽：古代衣襟又称为衽，左衽指襟向左掩，用左衽代指少数民族。“被发左衽”反映古代某些中原以外的少数民族常见的打扮，具体是指一种极其粗放而简单的装束。

右衽：古代中原汉族服装中衣襟要向右掩，用右衽代指汉族。

当然，以服饰区别等级贵贱的情况在西方国家也十分普遍。中世纪贵族和农奴的服饰就有很大的不同，即使在贵族内部，因等级差异所体现出来的服饰差别也是显而易见的。

人物称谓是一种社会文化的体现，是主体的思想感情的载体。透过与服饰相关词语的人物称谓，我们发现在服饰之中包含着深刻的社会因素。由于服饰本身受着社会生产、生活环境以及社会制度的制约，因此不同的服饰以及服饰的不同特征既体现出人们的尊卑贫富和不同的时代特色，又反映出不同的审美观念等精神因素。基于人事件 ICM 中一部分人与服饰各种特征之间的转喻关系，文章将服饰人物称谓词大致分为五类，并结合认知转喻理论进行阐述，说明认知视角下对服饰词语与人物称谓关系的解读更具有效性。

参考文献

〔1〕邓炎昌，刘润清 . 语言与文化［M］. 北京：外语教学与研究出版社，1989.

〔2〕冯盈之 . 服饰成语导读［M］. 杭州：浙江大学出版社，2007.

〔3〕冯盈之 . 服饰成语大观［M］. 北京：中国教育文化出版社，2005.

〔4〕冯盈之 . 汉字与服饰文化［M］. 上海：东华大学出版社，2008.

〔5〕冯盈之 . 成语与汉民族服饰文化［J］. 宁波大学学报，2007.

〔6〕何九盈，胡双宝，张猛. 中国汉字文化大观［J］. 北京：北京大学出版社，1995.

〔7〕黄燕敏 . 服饰文化研究的社会学维度［J］. 学术交流，2004.

〔8〕华梅 . 服饰与中国文化［J］. 北京：人民出版社，2001.

〔9〕华梅 . 21 世纪服饰文化研究［J］. 天津工业大学学报，2004.

〔10〕华梅 . 服饰文化全览（上卷）［J］. 天津：天津古籍出版社，2007.

〔11〕霍仲滨 . 洗尽铅华——服饰文化与成语［J］. 北京：首都师范大学出版社，2006.

〔12〕金春笙 . 英语服饰名词的妙用 [J] . 福建外语，1996.

〔13〕姜秀明 . 汉语服饰成语的转喻和隐喻研究 [D]. 曲阜师范大学，2010.

〔14〕李福印 . 认知语言学概论 [M]. 北京：北京大学出版社，2008.

〔15〕刘纯豹 . 英语委婉语词典 [M]. 北京：商务印书馆，2002.

〔16〕马豫鄂 . 古代服饰颜色等级制的形成及其原因 [J]. 洛阳师范学院学报，2005.

〔17〕聂焱 . 常用俗语熟语源头之趣 [M]. 北京：中国书籍出版社，2013.

〔18〕马芳 .《说文解字》颜色词文化诠释 [J]. 兰州学刊 . 2009.

〔19〕萨皮尔. 语言论 [M]. 北京：商务印书馆，1985.

〔20〕王振东 . 服饰成语之审美解读 [D]. 四川师范大学，2010.

〔21〕王寅 . 认知语言学探索 [M]. 重庆：重庆出版社，2005.

〔22〕温端政 . 歇后语 10000 条 [M]. 上海：上海辞书出版社，2012.

〔23〕吴为善 . 认知语言学与汉语研究 [M]. 上海：复旦大学出版社，2011.

〔24〕张博颖 . 服装文化巡礼 [M]. 北京：中国社会科学出版社，1992.

〔25〕赵艳芳，认知语言学概论 [M]. 上海：上海外语教育出版社，2002.

〔26〕钟雅琼 . 中国古代服饰颜色与政治关系研究 [J]. 安徽文学，2008.

〔27〕祝畹瑾 . 新编社会语言学概论 [M]. 北京：北京大学出版社，2013.

〔28〕Berlin, B., Kay, P. Basic Color Terms: Their University and

Evolution［M］. Berkley: University of California Press. 1969.

〔29〕Hudson. Problems in the Analysis of Idioms［M］. Berkeley: University of California Press，2011.

〔30〕Lakoff，G.，Mark，J. Metaphors We Live By［M］. Chicago: The University of Chicago Press，1980.

〔31〕Taylor，John. Linguistic Categorization: Prototype in Linguistic Theory［M］. Oxford: Clarendon Press，1989.

〔32〕北京大学中国语言研究中心语料库 http://ccl.pku.edu.cn/corpus.asp

〔33〕北京大学中国语言研究中心汉语语料库 . [DB/OL].http://ccl.pku.edu.cn/corpus.asp 2014.12

〔34〕在线新华词典 . [DB/OL]. http://xh.5156edu.com/html5/280821.html 2014.12

〔35〕中华在线词典［EB/OL］. http://www.ourdict.cn/

〔36〕Lakoff，G. More Than Cood Reason: A Field Guide to Poetic Metaphor [M]. Chicago: University of Chicago Press，1989.

〔37〕Ungerer, F. & H. J. Schmid. An Introduction to Cognitive Linguistics [M]. Beijing: Foreign Language Teaching and Research Press，2001.

〔38〕华梅 . 服饰社会学 [M] . 北京：中国纺织出版社，2005.

〔39〕胡壮麟 . 认知隐喻学 [M] . 北京：北京大学出版社，2004.

〔40〕张振华 . 英语习语的文化内涵及其语用研究 [M] . 北京：外语教学与研究出版社，2007.

〔41〕朱长河 . 隐喻多样性原则与隐喻研究的生态语言学视角［J］. 山东外语教学，2009（2）: 102 – 107.

〔42〕祖利军 . 礼貌语言的转喻视角［J］. 山东外语教学，2008（2）: 8 –15.

〔43〕Dirven，R. Metonymy and metaphor: Different mental strategies of conceptualization［J］. Leuvense Bijdragen，1993（82）：1——28.

〔44〕Ungerer，F. & H. J. Schmid. An Introduction to Cognitive Linguistics［M］. Beijing: Beijing Foreign Language Teaching and Research Press. 2001：50.

〔45〕陈香兰 . 转喻：从辞格到认知的研究回顾［J］. 外语与外语教学，2005，（8）.

〔46〕江晓红 . 基于转喻认知机制的语用推理研究［J］. 山东外语教学，2011（1）：10 –16.

〔47〕江晓红，转喻研究述评：认知语言学视角［J］. 河北师范大学学报，2011，（3）：119 –124.

〔48〕沈家煊 . 转指和转喻［J］. 当代语言学，1999（1）：3–15.

〔49〕汪立荣 . 从框架理论看翻译［J］. 中国翻译，2005（3）. 27 –32.

〔50〕熊学亮 . 试论转喻的指示功能［J］. 外语与外语教学，2011（5）：1.

〔51〕张九全 . 转喻的认知阐释［J］. 淮北师范大学学报，2011（1）：151–153.

〔52〕张辉，卢卫中 . 认知转喻［M］. 上海：上海外语教育出版社，2010：98 –99.

〔53〕赵艳芳，认知语言学概论［M］上海：上海外语教育出版社，2010：115 –116.

〔54〕訾韦力 . 与服饰相关英语习语的认知解读［J］. 山东外语教学，2009（4）：23 –26.

〔55〕Barcelona，A. On the Plausibility of Claiming a Metonymic Motivation for Conceptual Metaphor［A］in A. Barcelona（ed.）. Metaphor and Metonym y at the Crossroads: A Cognitive Perspective［C］. Berlin / New York: Mouton de Gruyter，2000: 31–58.

〔56〕Fass，D. 1997. Processing Metaphor and Metonymy [M]. London: Ablex 1997: 70.

〔57〕Kovecses. Z. & P. Szabo.Idioms: a View from Cognitive Semantics [J]. Applied linguistics，1996 (17): 326 -355.

〔58〕Lakoff，G. Women.Fire and Dangerous Things: What Categories Reveal about the Mind [M]. Chicago:The University of Chicago Press，1987.

〔59〕Lakoff，G. & M. Johnson. Philosophy in the Flesh ——The Embodied Mind and its Challenge to Western Thought [M]. New York: Basic Books 1999.

〔60〕Panther，K.U. & Thornburg，Linda. The Roles of Conceptual Metonymy in Meaning Construction. Metaphorik. De (http:// www.metaphorik.de/)，2004.

〔61〕Radden，G. & K.vecses，Z. Toward a Theory of Metonymy. In Klaus — Uwe Panther & Radden，G. (eds.) Metonymy in Language and Thought. Amsterdam: Johbn Benjamins. 1999.

〔62〕陈家旭 . 隐喻认知对比研究 [M]. 上海：学林出版社，2007：29.

〔63〕董成如 . 转喻的认知解释 [J]. 解放军外国语学院学报,2004 (2):6.

〔64〕束定芳 . 认知语义学 [M]. 上海：上海外语教育出版社，2008.

〔65〕魏在江 . 概念转喻与英语阅读教学 [J]. 外语界，2009 (1)：71.

〔66〕徐景亮 . 转喻推理与转喻性习语加工模式的构建 [J]. 外语研究，2007 (1)：1.

〔67〕严辰松. “给予”双及物结构中的转喻 [J]. 外语学刊,2007 (2):41 – 45.

〔68〕张辉,孙明智 . 转喻的本质、分类和运作机制 [J]. 外语与外语教学，2005 (3) :1– 6.

〔69〕张镇华 . 英语习语的文化内涵及其语用研究 [M]. 北京：外语教学与研究出版社，2007：1.

〔70〕华梅．服饰文化全览（上卷）[M]．天津：天津古籍出版社，2007：478 – 489.

〔71〕Fauconnier，G. Mappings in Thought and Language [M]. Cambridge：Cambridge University Press，1997.

〔72〕Fucornnier，G. Conceptual Integration [J]. Journal of Foreign Languages，2003（2）：2 –7.

〔73〕汪少华，王鹏．歇后语的概念整合分析[J]．外语研究，2011（4）：40 – 44.

〔74〕何九盈，胡双宝，张猛．中国汉字文化大观[M]．北京：北京大学出版社，1995：269.

〔75〕马豫鄂．古代服饰颜色等级制的形成及其原因[J]．洛阳师范学院学报，2005（1）:98.